腌腊肉制品生产

YANLA ROUZHIPIN SHENGCHAN

曾洁　刘骞　主编

化学工业出版社

·北京·

图书在版编目（CIP）数据

腌腊肉制品生产/曾洁，刘骞主编．—北京：化学工业出版社，2014.6
ISBN 978-7-122-20002-0

Ⅰ.①腌…　Ⅱ.①曾…②刘…　Ⅲ.①腌肉-食品加工
Ⅳ.①TS251.5

中国版本图书馆CIP数据核字（2014）第043879号

责任编辑：彭爱铭　　　　文字编辑：糜家铃
责任校对：蒋　宇　　　　装帧设计：刘剑宁

出版发行：化学工业出版社
（北京市东城区青年湖南街13号　邮政编码100011）
印　　装：北京虎彩文化传播有限公司
850mm×1168mm　1/32　印张$6\frac{1}{2}$　字数170千字
2014年5月北京第1版第1次印刷

购书咨询：010-64518888
售后服务：010-64518899
网　　址：http://www.cip.com.cn
凡购买本书，如有缺损质量问题，本社销售中心负责调换。

定　　价：29.00元　

前言

我国的肉制品加工经漫长的发展历史，形成了风味各异、丰富多彩的产品，其中腌腊制品以其悠久的历史和特有的风味而成为我国传统肉制品的典型代表。腌腊制品主要包括以畜禽肉或其可食内脏为原料，辅以食盐、酱料、硝酸盐或亚硝酸盐、糖或香辛料等，经原料整理、腌制或酱渍、清洗造型、晒凉风干或烘烤干燥等工序加工而成的一类生肉制品。

古代的腌腊肉制品多为民间家庭制作，是为了调节常年肉食供应而采用的一种保藏方法。现在，腌腊肉制品早已走向了规模化生产的道路。作为一种传统的美味食品，腌腊肉制品有着广泛的市场需求，呈现出一片前所未有的繁荣景象。积极发展腌腊食品产业，既可以满足广大群众日益增长的消费需求，又可以培育新的经济增长点。

本书由河南科技学院食品学院硕士生导师曾洁副教授和东北农业大学食品学院刘骞副教授主编，由绥化学院食品与制药工程学院刁小琴老师、北京工商大学食品学院刘国荣老师担任副主编。其中曾洁主要负责第一章的编写工作，也参与第五章的编写工作，并负责全书内容设计及统稿工作；刘骞主要负责第三、四、六章的编写工作，并参与第一章的编写工作；刁小琴主要负责第七、八章的编写工作，并参与附录的编写工作；刘国荣主要负责第二章的编写工作，并参与第八章的编写工作。同时渤海大学的贾娜老师参加了第二章的编写工作，内蒙古大学旭日花老师、吉林农业科技学院郑华艳老师、绥化学院食品与制药工程学院关海宁老师参与了部分资料查阅和文字整理编写工作。本书由河南科技学院食品学院院长马汉军教授主审。

在编写过程中吸纳了相关书籍之所长，并参考了大量文献，同时得到了河南科技学院食品学院院长马汉军教授的大力帮助和支持，在此致以最真挚的谢意。

由于笔者水平有限，不当之处在所难免，希望读者批评指正。

编者

2013年10月

目　录

第一章　肉品基础知识

第二章　肉品加工的辅料及添加剂

第三章　腌腊肉制品加工原理

第四章　咸肉加工

第五章　腊肉加工

第六章 酱(封)肉加工

第七章 风肉加工

第八章 中式火腿、腊肠

参考文献

第一章　肉品基础知识

第一节　腌腊肉制品概述

一、 腌腊肉制品分类及特点

（一）腌腊肉制品分类

腌腊肉制品是指原料肉经腌制、酱渍、晾晒（或不晾晒）、烘烤等工艺加工而成的生肉类制品，食用前需经熟加工。按配料和加工方法的差异，可将腌腊肉制品分为咸肉、腊肉、酱（封）肉、风肉和中国火腿。

1. 咸肉

原料肉经腌制加工而成的生肉类制品，食用前需经熟加工，如咸猪肉、咸牛肉等。

2. 腊肉

原料肉经腌制后，再经晾晒或烘烤干燥等工艺加工而成的生肉类制品。食用前需经熟加工，有腊香味。川式腊肉、广东腊肉和湖南腊肉为其主要代表。四川的元宝鸡、缠丝兔、板鸭等也属于腌腊肉，原料不同，加工方法与腊猪肉相似。

3. 酱（封）肉

原料肉用食盐、酱料（甜酱或酱油）腌制、酱渍后，再经风干或晒干、烘干、熏干等工艺制成的色棕红、有酱香味的生肉类制品，食用前需经熟制。北京清酱肉、广东酱封肉、杭州酱鸭等为酱（封）肉的主要代表。

4. 风肉

原料肉经腌制、洗晒（某些产品无此工序）、晾挂、干燥等工艺制成的生、干肉类制品，食用前需经熟加工，如风干牛肉、风干羊肉和云南风鸡等。

5. 中国火腿

中国火腿是用带骨、带皮、带爪尖的整只猪后腿，经腌制、洗晒、风干和长期发酵、整形等工艺制成的生肉制品。我国生产火腿的地方很多，浙江、云南、江苏、四川、贵州、湖北、江苏、安徽、台湾等省均产火腿。其中以浙江、云南、江苏三省产量最多。由于各地的气候条件、生猪品种、加工方法和用料不同，所产火腿具有不同的风味。其中金华火腿、宣威火腿、如皋火腿等均为深受消费者欢迎的著名产品。

(二) 腌腊制品特点

腌腊制品是典型的半干水分食品，这类产品一般可贮性较佳，在非制冷条件下可较长时间贮存。腌腊制品的显著特点如下。

(1) 在较为简单的条件下也可制作，易于加工生产。

(2) 不同产品具有消费者喜爱的传统腌腊味和独特风味。

(3) 在其加工中一般都经干燥脱水，因此重量轻，易于运输。

(4) 可贮性佳，即使在非制冷条件下也能较长期贮存，有的产品货架寿命可长达6～8个月。

当今的肉制品加工业，均在致力于对传统产品进行研究，并应用现代化加工设备和工艺技术对传统配方和加工方法进行优化和改进，使之在保持其风味特色和可贮性的同时，改善产品感观和营养特性，提高传统产品档次，或推出改进型产品。

二、 原料肉总体要求

原料肉的选择主要从以下几方面判定。

(1) 肉的颜色　肌肉的颜色是重要的食品品质之一。事实上，肉的颜色本身对肉的营养价值和风味并无大的影响。颜色的重要意义在于它是肌肉的生理学、生物化学和微生物学变化的外部表现，可以通过感官给消费者以好或坏的影响。

(2) 肉的风味　肉的味质又称为肉的风味，指的是生鲜肉的气味和加热后肉制品的香气和滋味。它是肉中固有的成分经过复杂的生物化学变化，产生各种有机化合物所致。其特点是成分复杂多样、含量甚微，用一般方法很难测定，除少数成分外，多数无营养价值、不稳定，加热易被破坏和挥发。

(3) 肉的保水性　肉的保水性也称系水力或系水性，是指当肌肉受外力作用，如在加压、切碎、加热、冷冻、解冻、腌制等加工或贮藏条件下保持其原有水分与添加水分的能力。它对肉的品质有很大的影响，是肉质评定时的重要指标之一。系水力的高低可直接影响到肉的风味、颜色、质地、嫩度、凝结性等。

(4) 肉的嫩度　肉的嫩度是消费者最重视的食用品质之一，它决定了肉在食用时口感的老嫩，是反映肉质地的指标。

三、各种原料肉的基本要求

1. 常用原料肉的基本要求

(1) 猪肉　猪肉作为肉制品加工中的主要原料，应该符合以下要求：肌肉淡红色，有光泽，纹理细腻，肉质柔软有弹性；脂肪呈乳白色或粉白色；外表及切面微湿润，不黏手；具有该种原料特有的正常气味，无腐败气味或其他异味；无杂质污染，无病变组织、软骨、淤血块、淋巴结及浮毛等杂质。一般以猪龄 8～10 个月的阉猪为好。

(2) 牛肉和犊肉　要求来自非疫区的、健康无病的牛；肉质紧密，有坚实感，弹性良好；表面无脂肪；外表及切面微湿润，不黏手；具有牛肉的正常色泽，特有的正常气味，无腐败气味或其他异味；无杂质污染，无病变组织、软骨、淤血块、淋巴结及浮毛等杂质。一般牛肉色泽较深，呈鲜红色并有光泽，纹理细腻、脂肪呈白色或奶油色，比猪肉还硬些。屠宰率一般为 62%。

(3) 羊肉　羊肉特别是公羊肉膻味重，一般要求减轻膻味。澳大利亚研究出去除膻味的新方法，即在羊屠宰前 3 周，从放牧改为圈养，改变羊肉脂肪细胞的生理沉积。

2. 其他部位原料肉的基本要求

除了分割的肌肉组织外，舌、心、肝、腰、食道、气管、肚等都可以用来灌制各种香肠和较为独特的肉制品。

(1) 舌宰后从胴体头部取下，即清洗并冷却；根据用舌做原料肉制品的要求进行修整。舌根部剔下来之后，再分割成瘦肉和肥膘；舌头要与胴体同步检验；只要求修成短（净）舌头，其他边角料同步（不包括软骨）。

(2) 肝从畜体摘下后，立即将胆囊摘除；特别注意勿将胆囊戳破，否则胆汁将污染肝脏，肝脏要清洗，但用水宜少。

(3) 心脏摘取后要洗、冷却，为了检验还需切开。作为肉制品加工原料时必须除去凝血块。

(4) 肾脏摘取后要除去黏膜并将脂肪修割干净，立即送去冷却；冷却要注意产品单个分开。

(5) 肚摘除切开，除取胃内容物，洗净；如果需要，可将胃膜摘除。

(6) 碎肉　手工剔骨后的碎肉以及去骨肉机分离下的碎肉，粒度细，极易氧化腐坏，故规定使用前需检查存贮期。这种肉适用于需要乳化的肉制品。

四、原料肉选择

究竟选用什么原料肉，取决于产品的品种、配方，也取决于市场的供应状况。为了使肉制品具有不同的风格，始终做到质量均一，原料的选择乃是基本的一环。在实际加工中可按以下要求选择。

(1) 按肉的肥瘦比例选择原料　不同的畜体，肥瘦比例不同，肉的黏合能力和营养成分也不同。

(2) 按 pH 选择　原料肉的 pH 值会直接影响到产品的保水性、风味、贮藏期以及产品中腌制剂的含量。例如肉的 pH 值高于 5.8 时，火腿保水性好，成品富有弹性，没有渗水现象。反之，pH 值低于 5.8，往往出现渗水。

(3) 按商业等级选择原料　自然、高档的肉制品使用高档原料，反之亦然。

第二节　肉的食用品质及特性

一、 肉的颜色

肉之所以是红色，是因为肉中含有肌红蛋白和血红蛋白。血液中血红蛋白含量的多少，与肉的颜色有直接关系。但肉的固有红色是由肌红蛋白的色泽所决定的，肉的色泽越暗，肌红蛋白越多。

肌红蛋白在肌肉中的数量随动物生前组织活动的状况、动物的种类、年龄不同而异。凡是生前活动频繁的部位，肌肉中含肌红蛋白的数量就多，肉色红暗。

不同种动物的肌红蛋白含量不同，使得肌肉的颜色不同；同一种动物年龄不同，肌肉的色泽相差也很明显。

牧放的动物比圈养的动物体内的肌红蛋白含量高，故色泽发暗。高营养状态和含铁质少的饲料所饲养的动物，肌肉中肌红蛋白少，肌肉色泽较淡。

肉在空气中放置一定时间，会发生由暗红色→鲜红色→褐色的变化。这是由于肌红蛋白受空气中不同程度氧的作用而导致的颜色变化。

鲜艳的红色：肌红蛋白＋氧→氧合肌红蛋白。

褐色：肌红蛋白被强烈氧化→氧化肌红蛋白（当氧化肌红蛋白超过50%时，肉色呈褐色）。除此之外，在个别情况下肉有变绿、变黄、发荧光等情况，这是由于细菌、霉菌的繁殖，使蛋白质发生分解而导致的。

未经腌制的肉在加热时，因肌红蛋白受热变性，不具备防止血红素氧化的作用，使血红素很快被氧化成灰褐色。

鲜肉加硝酸盐或亚硝酸盐腌制一段时间后，肌红蛋白与亚硝酸根经过复杂的化学反应，生成亚硝基（—NO）肌红蛋白，具有鲜亮的棕红色色泽。在加热时，尽管肌红蛋白发生变性，但亚硝基（—NO）肌红蛋白结构非常牢固，难以解离，故仍维持棕红色。

二、 肉的风味

肉的风味，指的是生鲜肉的气味和加热后熟肉制品的香气和滋味。它是肉中固有成分经过复杂的生物化学变化，产生各种有机化合物所致。其特点是成分复杂多样，含量甚微，用一般的方法很难测定，除少数成分外，多数无营养价值、不稳定、加热易破坏和挥发。呈味物质均具有各种特定基团，如羟基（—OH）、羧基（—COOH）、醛基（—CHO）、羰基（—CO）、巯基（—SH）、酯基（—COOR）、氨基（$—NH_2$）、酰胺基（—CONH）、亚硝基（$—NO_2$）、苯基（$—C_6H_5$）等。

1. 气味

气味的成分十分复杂，约有1000多种，主要为醇、醛、酮、酸、酯、醚、呋喃、吡咯、内酯、糖类及含氮化合物等。肉香味化合物的产生主要有三个途径：氨基酸与还原糖间的美拉德反应；蛋白质、游离氨基酸、糖类、核苷酸等生物物质的热降解；脂肪的氧化作用。

动物的种类、性别、饲料等对肉的气味有很大影响。生鲜肉散发一种肉腥味，羊肉有膻味，狗肉有腥味，特别是晚去势或未去势的公猪、公牛及母羊的肉有特殊的性气味，在发情期宰杀的动物肉散发出令人厌恶的气味。

某些特殊气味，如羊肉的膻味，来源于挥发性低级脂肪酸，如4-甲基辛酸、癸酸等，存在于脂肪中。

动物食用鱼粉、豆粕、蚕饼等食物会影响肉的气味，饲料中的硫丙烯、二硫丙烯、丙烯一丙基二硫化物等会转入肉内，发出特殊的气味。

肉在冷藏时，微生物繁殖于肉表面形成菌落，使肉发黏，而后产生明显的不良气味。长时间冷藏，脂肪自动氧化，解冻肉汁液流失，肉质变软，使肉的风味降低。

2. 滋味

滋味是由溶于水的可溶呈味物质刺激人的舌面味蕾，通过神经传导到大脑而反映出味感。

肉的鲜味成分，来源于核苷酸、氨基酸、酰胺、有机酸、糖类、脂肪等前体物质。成熟肉风味的增加，主要是核苷类物质及氨基酸变化显著。牛肉的风味来自半胱氨酸成分较多，猪肉的风味可从核糖、胱氨酸获得。牛、猪、绵羊的瘦肉所含挥发性的香味成分，主要存在于肌间脂肪中。

3. 芳香物质

生肉不具备芳香性，烹调加热后一些芳香前体物质经脂肪氧化、美拉德褐变反应以及硫胺素降解产生挥发性物质，赋予熟肉芳香性。据测定，芳香物质的90%来自于脂质反应，其次是美拉德反应，硫胺素降解产生的风味物质比例最小。虽然后两者反应所产生的风味物质在数量上不到10%，但并不能低估它们对肉风味的影响，因为肉风味主要取决于最后阶段的风味物质。

三、 肉的保水性

肉的保水性是指肉在加工过程中，肉本身的水分及添加到肉中水分的保持能力。保水性的实质是肉的蛋白质形成网状结构，单位空间以物理状态所捕获的水分量的反映，捕获水量越多，保水性越大。因此，蛋白质的结构不同，必然影响肉的保水性变化。

肉的保水性，按猪肉、牛肉、羊肉、禽肉次序降低。刚屠宰1～2h的肉保水能力最高，在尸僵阶段的肉，保水能力最低，至成熟阶段保水性又有所提高。

提高肉的保水性能，在肉制品生产中具有重要意义，通常采用以下四种方法。

（1）加盐先行腌制　未经腌制的肌肉中蛋白质处于非溶解状态，吸水力弱。经腌制后，由于受盐离子的作用，从非溶解状态变成溶解状态，从而大大提高保水能力。

（2）提高肉的pH值至接近中性　一般采用添加低聚度的碱性

复合磷酸盐（焦磷酸钠、六偏磷酸钠、三聚磷酸三钠及其混合物）来提高肉的 pH 值。

（3）用机械方法提取可溶性蛋白质　肉块经适当腌制后，再经过机械的作用，如绞碎、斩剁、搅拌或滚揉等机械方法，即可把肉中盐溶蛋白提取出来。盐溶蛋白是一种很好的乳化剂，它不仅能提高保水性，而且能改善制品的嫩度，增加黏结度及弹性。

（4）添加大豆蛋白　大豆蛋白遇水膨胀，结构松弛，本身即能吸收 3～5 倍的水；大豆蛋白与其他添加物和提取的盐溶蛋白组成乳浊液，遇热凝固起到吸油、保水的作用。

四、 肉的嫩度

肉的嫩度是消费者最重视的食品品质之一，是反映肉质地的指标。

1. 肉嫩度的含义

（1）肉对舌或颊的柔软性　即当舌头与颊接触肉时产生的触觉反应。肉的柔软性变动很大，从软乎乎的感觉到木质化的结实程度。

（2）肉对牙齿压力的抵抗性　即牙齿插入肉中所需的力。有些肉硬得难以咬动，而有的柔软的几乎对牙齿无抵抗性。

（3）咬断肌纤维的难易程度　即牙齿切断肌纤维的能力，首先要咬破肌外膜和肌束，因此这与结缔组织的含量和性质密切相关。

（4）咬碎程度　用咀嚼后肉渣剩余的多少以及咀嚼后到下咽时所需的时间来衡量。

2. 影响肌肉嫩度的因素

影响肌肉嫩度的实质主要是结缔组织的含量和性质及肌原纤维蛋白的化学结构状态。它们受一系列的因素影响而变化，从而导致肉嫩度的变化。

（1）宰前因素对肌肉嫩度的影响

① 畜龄　一般来说，幼龄家畜的肉比老龄家畜的肉嫩，但前

者的结缔组织含量反而高于后者。其原因在于幼龄家畜肌肉中胶原蛋白的交联程度低，易受加热作用而裂解。而成年动物的胶原蛋白交联程度高，不易受热和受酸、碱等的影响。

② 肌肉的解剖学位置　牛的腰大肌最嫩，胸头肌最老。经常使用的肌肉，如半膜肌和股二头肌，比不经常使用的肌肉的弹性蛋白含量多。同一肌肉的不同部位嫩度也不同，猪背最长肌的外侧比内侧部分要嫩。牛的半膜肌从近端到远端嫩度逐渐降低。

③ 营养状况　凡营养良好的家畜，肌肉脂肪含量高，大理石纹丰富，肉的嫩度好。而消瘦动物的肌肉脂肪含量低，肉质老。

（2）宰后因素对肌肉嫩度的影响

① 尸僵和成熟　宰后尸僵发生时，肉的硬度会大大增加。肌肉发生异常尸僵时，如冷收缩和解冻僵直，肌肉会发生强烈收缩，从而使硬度达到最大。一般肌肉收缩，短缩度达到40%时，肉的硬度最大，而超过40%反而变得柔软，这是由于肌动蛋白的细丝过度插入而引起Z线断裂所致，这种现象称为“超收缩”。尸僵解除后，随着成熟的进行，硬度降低，嫩度随之提高，这是由于成熟期间尸僵硬度逐渐消失，Z线易于断裂的缘故。

② 加热处理　加热对肌肉嫩度有双重效应，它既可以使肉变嫩，又可使其变硬，这取决于加热的温度和时间。加热可引起肌肉蛋白的变性，从而发生凝固、凝集和短缩现象。当温度在65～75℃时，肌肉纤维的长度会缩短25%～30%，从而使肉的嫩度降低，但另一方面，肌肉中的结缔组织在60～65℃会发生短缩，而超过这一温度会逐渐转变为明胶，使肉的嫩度得到改善。结缔组织中的弹性蛋白对热不敏感，所以有些肉虽然经过长时间的煮制仍很老（硬），这与肌肉中弹性蛋白的高含量有关。

（3）电刺激　电刺激提高肉嫩度的机制尚未充分明了，主要是加速肌肉的代谢，从而缩短尸僵的持续期并降低尸僵的程度。此外，电刺激可以避免羊胴体和牛胴体产生冷收缩。

（4）酶　利用蛋白酶可以嫩化肉，常用的酶为植物蛋白酶，主要有木瓜蛋白酶、菠萝蛋白酶和无花果蛋白酶。酶对肉的嫩化作用主要是蛋白质的裂解所致，所以使用时应控制酶的浓度和作用时间，如酶解过度，则食肉会失去应有的质地并产生不良的味道。

（5）机械方法处理　改变肉的纤维结构。

五、 肉的结构

通过肉眼所观察到的肉的组织结构，其好坏主要通过肉的纹理粗细、肉断面的光滑程度、脂肪存在量和分解程度来判断。一般认为，纹理细腻、断面光滑、脂肪细腻且分布均匀，即呈大理石纹状的肉为好。

第三节　肉的贮藏与保鲜

一、 冷却保鲜

冷却保鲜是肉和肉制品常用的保存方法之一。这种方法将肉制品冷却到0℃左右，并在此温度下进行短期贮藏。由于冷却保存耗能少，投资较低，适宜于保存在短期内加工的肉类和不宜冻藏的肉制品。

1. 冷却目的

刚屠宰完的胴体，其温度一般在37～39℃，这个温度范围正适合微生物生长繁殖和肉中酶的活性，对肉的保存很不利。肉的冷却目的就是在一定温度范围内使肉的温度迅速下降，使微生物在肉表面的生长繁殖减弱到最低程度，并在肉的表面形成一层皮膜；减弱酶的活性，延缓肉的成熟时间；减少肉内水分蒸发，延长肉的保存时间。肉的冷却是肉的冻结过程的准备阶段。在此阶段，胴体逐渐成熟。

2. 冷却条件和方法

目前，畜肉的冷却主要采用空气冷却，即通过各种类型的冷却设备，使室内温度保持在0～4℃。冷却时间决定于冷却室温度、湿度和空气流速，以及胴体大小、胴体初温和终温等。鹅肉可采用液体冷却法，即以冷水和冷盐水为介质进行冷却，亦可采用浸泡或喷洒的方法进行冷却，此法冷却速度快，但必须进行包装，否则肉中的可溶性物质会损失。冷却终温一般在0～4℃，然后移到0～1℃冷藏室内，使肉温逐渐下降；加工分割胴体，先冷却到12～15℃，再进行分割，然后冷却到0～4℃。

二、冷冻保藏

冻肉冻藏的主要目的是阻止冻肉的各种变化，以达到长期贮藏的目的。冻肉品质的变化不仅与肉的状态、冻结工艺有关，与冻藏条件也有密切的关系。温度、相对湿度和空气流速是决定贮藏期和冻肉质量的重要因素。

1. 冻结方法

肉类的冻结方法多采用空气冻结法、板式冻结法和浸渍冻结法。其中空气冻结法最为常用。根据空气所处的状态和流速的不同，又分为静止空气冻结法和鼓风冻结法。

2. 冻藏条件及冻藏期

冻藏间的温度一般保持在－21～－18℃，温度波动不超过±1℃，冻结肉的中心温度保持在－15℃以下。为减少干耗，冻结间空气相对湿度保持在95%～98%。空气流速采用自然循环即可。

冻肉在冻藏室内的堆放方式也很重要。对于胴体肉，可堆叠成约3m高的肉垛，其周围空气流畅，避免胴体直接与墙壁和地面接触。对于箱装的塑料袋小包装分割肉，堆放时也要保持周围有流动的空气。

三、辐射保鲜

辐射保鲜是利用原子能射线的辐射能量对食品进行杀菌处理的保存食品的一种物理方法，是一种安全卫生、经济有效的食品保存技术。1980年由联合国粮农组织（FAO）、国际原子能机构、世界卫生组织（WHO）组成的“辐照食品卫生安全性联合专家委员会”就辐照食品的安全性得出结论：食品经不超过10kGy（名称：戈［瑞］，1Gy＝1J/kg）的辐照，没有任何毒理学危害，也没有任何特殊的营养或微生物学问题。

四、 化学保藏法

所谓肉的化学保藏是指在肉品生产和贮运过程中使用化学添加剂来提高肉的贮藏性和尽可能保持它原有品质的一种方法。与保鲜有关的添加剂主要是防腐剂和抗氧化剂。防腐剂又分为化学防腐剂和天然防腐剂。防腐剂经常与其他保鲜技术结合使用。

五、 气调包装技术

气调包装技术也称换气包装，是在密封袋中放入食品，抽掉空气，用选择好的气体代替包装内的气体环境，以抑制微生物的生长，从而延长食品货架期。气调包装常用的气体有三种：CO_2、O_2 和 N_2。CO_2 能抑制细菌和真菌的生长（尤其是细菌繁殖的早期），也能抑制酶的活性，在低温和体积分数为25%时抑菌效果更佳，并具有水溶性；O_2 的作用是维持氧合肌红蛋白，使肉色鲜艳，并能抑制厌氧细菌，但也为许多有害菌创造了良好的环境；N_2 是一种惰性填充气体，氮气不影响肉的色泽，能防止氧化酸败、霉菌的生长和寄生虫害。

在肉类保鲜中，CO_2 和 N_2 是两种主要的气体，一定量的 O_2 存在有利于延长肉类保质期，因此，必须选择适当的比例进行混合。

六、 其他保藏方法

1. 低水分活性保鲜

水分是指微生物可以利用的水分，最常见的低水分活性保鲜方法有干燥处理及添加食盐和糖。其他添加剂如磷酸盐、淀粉等都可降低肉品的水分活性。

2. 发酵处理

肉发酵处理肉制品有较好的保存特性，它是利用人工环境控制，使用肉制品中乳酸菌的生长占优势，将肉制品中碳水化合物转化成乳酸，降低产品的 pH 值，而抑制其他微生物的生长，发酵处理肉制品也需同其他保藏技术结合使用。

第二章　肉品加工的辅料及添加剂

肉制品品种繁多、风味各异，但无论哪一种肉制品都离不开调味料和香辛料。肉制品加工过程中，各种辅助材料的使用具有重要的意义，它能赋予产品特有的风味，增进人们的食欲，增加营养，提高耐保藏性，改进产品质量等。正是由于各种辅料和添加剂的不同选择和应用，才生产出许许多多各具风味特色的肉制品。

第一节　调　味　品

一、 咸味剂

1. 食盐

食盐是肉类腌制最基本的成分，也是唯一必不可少的腌制材料。

食盐的作用如下。

(1) 突出鲜味作用　肉制品中含有大量的蛋白质、脂肪等具有鲜味的成分，常常要在一定浓度的咸味下才能表现出来。

(2) 防腐作用　盐可以通过脱水和渗透压的作用，抑制微生物的生长，延长肉制品的保存期。

2. 酱油

酱油是以大豆或豆饼、面粉、麸皮等，经发酵加盐配制而成的液体调味品。可作为咸味剂，也有调色和调鲜的作用。

二、 鲜味剂

1. 谷氨酸钠

谷氨酸钠又称味素、味精。

味精几乎在所有场合都是同食盐并用，这两种物质呈味强度的平衡，在肉制品生产中将会产生相当大的影响。正确的方法是根据原料的多少、食盐的用量和其他调味料的用量，来确定味精的用量。

2. 肌苷酸钠

肌苷酸钠的阈值为0.025%，但随着浓度的增高，其呈味力几乎没有增强。肌苷酸钠与谷氨酸钠共存时，可以发挥强大的呈味力，这称为肌苷酸与谷氨酸的协同作用。在食品加工中，一般不单独使用肌苷酸钠，而是与谷氨酸钠合并使用。一般情况下，肌苷酸钠使用量为谷氨酸钠使用量的1/50～1/20为宜。

三、甜味剂

最常用的甜味调味料是砂糖，此外还有蜂蜜、葡萄糖、糖稀（麦芽糖）等，这些属天然甜味料。合成甜味料，众所周知的有糖精。

糖类在肉制品中的主要作用如下：

（1）助呈色作用　在腌制时还原糖的作用对于肉保持颜色具有很大的意义，这些还原糖（葡萄糖等）能吸收氧而防止肉脱色。在短期腌制时建议使用葡萄糖，它本身就具有还原性。而在长时间腌制时加蔗糖，它可以在微生物和酶的作用下形成葡萄糖和果糖，这些还原糖能加速NO的形成，使发色效果更佳。

（2）增加嫩度、提高得率　由于糖类的羟基均位于环状结构的外围，使整个环状结构呈现内部为疏水性、外部为亲水性的物性，这样就提高了肉的保水性，也就提高了产品的出品率。另外，由于糖极易氧化成酸，使肉的酸度增加，利于胶原膨润和松软，因而增加了肉的嫩度。

（3）调味作用　糖和盐有相反的滋味，可一定程度地缓和腌肉咸味。

（4）产生风味物质　在加热肉制品时，糖和含硫氨基酸之间发生美拉德反应，产生醛类等多羰基化合物，其次产生含硫化合物，增加肉的风味。

糖可以在一定程度上抑制微生物的生长，它主要是降低介质的水分活度，减少微生物生长所能利用的自由水分，并借渗透压导致细胞质壁分离。但一般的使用量达不到抑菌的作用，低浓度的糖，还能给一些微生物提供营养，因而在需发酵成熟的肉制品中添加糖，可有助于发酵的进行。

四、 其他调味料

1. 醋

醋的生产是以米、麦麸、糖类或酒糟为原料，经醋酸酵母发酵酿制而成。

醋能增鲜、调香、解腻、去腥，并能使原料在加工过程中使维生素少受或不受损失。食醋在中式肉制品加工中是作为一种酸味调味剂，常常是与食糖、食盐、味精等调味剂同时使用，从而使制品呈现出一种复杂的综合风味。

2. 酸味剂

常用的食用酸有柠檬酸、乳酸、酒石酸、苹果酸、偏酒石酸、醋酸等。这些酸都能参加体内的正常代谢，在一般使用剂量下对人体无害，但应注意其纯度。

3. 乙醇和酒类

乙醇是酒精性饮料中的主要成分之一。乙醇应有芳香和强烈的刺激性甜味。乙醇往往对其他味有影响，例如蔗糖溶液中加入乙醇会使甜味变淡，而酸味中加入乙醇会增加酸味。乙醇添加到食品中会产生两种效果：①增强防腐力。②起调味作用。通常使用1%的乙醇可以增强食品的风味，但这种浓度没有防腐作用。提高乙醇浓度可以增加防腐效果，但它的刺激性气味会影响食品的香味。

黄酒和白酒是多数中式肉制品必不可少的调味料，主要成分是乙醇和少量的酯类。它可以除去腥味、膻味和异味，并有一定的杀菌作用，给制品以特有的醇香气味，使制品食用时回味甘美，增加风味特色。

4. 调味肉类香精

调味肉类香精包括猪、牛、鸡、鹅、羊肉等各种肉味香精，系采用纯天然的肉类为原料，经过蛋白酶适当降解成小肽和氨基酸，加还原糖在适当的温度条件下发生美拉德反应，生成风味物质，经超临界萃取和微胶囊包埋或乳化调和等技术生产的粉状、水状、油状系列调味香精，如猪肉香精、牛肉香精等。可直接添加或混合到肉类原料中，使用方便，是目前肉类工业上常用的增香剂，尤其适用于高温肉制品和风味不足的西式低温肉制品。

第二节　香　辛　料

香辛料的种类很多，诸如葱类、胡椒、花椒、八角茴香、桂皮、丁香、肉豆蔻等。香辛料可赋予产品一定的风味，抑制和矫正食物不良气味，增进食欲，促进消化。很多香辛料有抗菌防腐作用，同时还有特殊的生理药理作用。有些香辛料还有防止氧化的作用，但食品中应用香辛料的目的在于其香味。

香辛料的辛味和香气是其所含的特殊成分，任何一种化合物都没有香辛料所具有的微妙风味。所以，现在香辛料仍多以植物体原来的新鲜、干燥或粉碎状态使用，这样的香辛料称天然香辛料。

一、　中药类香辛料

1. 大茴香

大茴香俗称大料、八角，系木兰科的常绿乔木植物，叶如榕叶，花似菜花，其果实有八个角，所以俗称八角茴香。

但在使用时应注意到一种外形与大茴香极相似的果实，即莽草果，有剧毒，应严加区别。莽草果与大茴香的主要区别在于：大茴香通常果荚较大，呈八角形，角尖平直，基蒂弯曲，有强烈茴香芳香气味。莽草果荚则有10～13个，角实长而弯曲，基蒂平直，荚瘦小尖锐，显著弯曲，有松叶气味。

2. 小茴香

小茴香俗称谷茴、席香，系伞形科小茴香属二年生草本植物的成熟果实，干品像干了的稻谷，含挥发油3%～8%，其主要成分为茴香醚，可挥发出特异的茴香气。

3. 花椒

花椒又名秦椒、川椒，为芸香科灌木或小乔木植物花椒树的果实。花椒树枝叶丛生，树枝带刺，叶小呈椭圆形，生长于温带较干燥地区，适应性较强。其果实成熟、干燥后球果开裂，黑色种子与果皮分离即为市售花椒。

4. 肉桂

肉桂俗称桂皮，系樟科常绿乔木植物天竺桂、细叶香桂、川桂等的干燥树皮。皮呈赭黑色，有灰白色花斑，气清香而凉似樟脑，味微甜辛，皮薄、呈卷筒状、香气浓厚者为佳品，是一种重要的调味香料。

5. 白芷

白芷系伞形科多年生草本植物的干燥根部，根圆锥形，外表呈黄白色，切面含粉质，有黄圈，以根粗壮、体重、粉性足、香气浓者为佳品。

6. 山柰

山柰又称三柰、山辣、沙姜，为姜科山柰属多年生木本植物的根状茎，切片晒制而成干片。

7. 丁香

丁香系桃金娘科常绿乔木的干燥花蕾及果实。花蕾称公丁香，果实称母丁香，以完整、朵大、油性足、颜色深红、香气浓郁、入水下沉者为佳品。

8. 胡椒

胡椒又名古月，系胡椒科常绿藤本植物胡椒的珠形浆果干制而成。胡椒有黑胡椒、白胡椒两种。果实开始变红时摘下，经充分晒干或烘干即为黑胡椒，全部变红时以水浸去皮再晒干即为白胡椒。

二、 蔬菜类调味料

鲜菜类著名的“调味四辣”，即葱、姜、蒜、辣椒，它们是使用最普遍、使用量最大的香味料。

1. 葱

大葱原产于亚洲西部及我国西北高原。我国栽培葱的历史悠久，在北方栽培大葱的面积较广，既作菜也作调味品。葱的品种较多，各种葱都可作调味品。尤其是山东章丘出产的大葱，以香辣微甜、葱白长而粗壮著名。

2. 生姜

生姜可鲜用也可干制，供调味或入药。生姜含有挥发性的姜油酮、姜油酚和姜油素等成分，具有独特的辛辣气味，且有调味去腥的作用。

3. 大蒜

大蒜属百合科，是一种多年生宿根植物，能开花结籽，但通常用蒜瓣繁殖。大蒜全身都含挥发性的大蒜素，具特殊蒜辣气味，其中以蒜头含量最多，蒜叶次之，蒜薹较少，因而它们都有调味作用，可压腥去膻，增加蒜香味道。

4. 辣椒

辣椒属于茄科辣椒属植物的果实。辣椒富含维生素 C、胡萝卜素和维生素 E 及钙、铁、磷等营养成分。辣椒含有辣椒素，它刺激口腔中的味觉神经和痛觉神经而感到特殊的辛辣味道。

三、 提取香辛料

随着人民生活水平的不断提高，香辛料的生产和加工技术得到进一步发展。现在的香辛料已经从过去的单纯用粉末，逐渐走向提取香辛料精油、油树脂，即利用化学手段对挥发性精油成分和不挥发性精油成分进行抽提后调制而成。这样可将植物组织和其他夹杂物完全除去，既卫生又方便使用。

提取香辛料根据其性状可分为液体香辛料、乳化香辛料和固体香辛料。

(1) 液体香辛料　超临界提取的大蒜精油、生姜精油、姜油树脂、花椒精油、孜然精油、辣椒精油、大茴香精油、小茴香油树脂、丁香精油、黑胡椒精油、肉桂精油、十三香精油等产品均为提取的液体香辛料。

(2) 乳化香辛料　乳化香辛料是把液体香辛料制成水包油型的香辛料。

(3) 固体香辛料　固体香辛料是把水包油型乳液喷雾干燥后经被膜物质包埋而成的香辛料。

四、 咸味香精香料

咸味香精香料是肉味之主体，也是麻辣风味食品调味的核心。如今的麻辣风味食品没有肉味的元素，再好的麻辣风味也很难立足于市场，咸味香精香料在麻辣风味食品中至关重要。

1. 纯粉类咸味香精香料

纯粉类香精系列采用优质的动物蛋白、脂肪和肉类提取物等原料经酶解、熟化，再经喷雾干燥而成。

2. 热反应类咸味香精香料

热反应类咸味香精香料是由肉类提取物、氨基酸、多肽与还原性的糖类进行一系列羰氨反应（美拉德反应）及其二次反应的生成物制成，形成特定的蒸、煮、炒、炖等传统烹饪所形成的有特征香气、香味的物质，根据分类将这类香精香料称作热反应咸味香精香料，也称热反应香精、热反应粉、热反应香精香料。

3. 复配粉类咸味香精香料

复配粉类咸味香精香料是由美拉德反应产物经喷雾干燥，辅以咸味剂、酸味剂、鲜味剂、甜味剂等基本口味，再添加香料经充分混匀过筛制成，或者经过烘烤、粉碎、过筛而得到的复配粉类咸味香精香料，也有的称为呈味料、调味基料、餐饮配料，在此特称为复配粉类咸味香精香料。

4. 头香型咸味香精香料

头香型咸味香精香料系采用优质的肉类、脂肪、蔬菜经酶解后与各种氨基酸和还原性的糖进行美拉德反应，形成具有各种肉味的反应香基，辅以盐、味精、天然香料等，再与载体（淀粉、麦芽糊精等)、食用干燥剂二氧化硅充分搅拌混匀制成。

5. 乳化类咸味香精香料

乳化类咸味香精香料包括液体和膏状两种。液体状咸味香精香料是由美拉德反应产物与丙二醇、甘油、蒸馏水以及各种天然香料、香辛料精油混合制成。这类咸味香精香料是以丙二醇作为主要溶剂的一类香精香料，香气挥发比较快，不耐高温，留香时间随着丙二醇的挥发而释放。其优点是流动性较好，使用也很方便，有些沉淀，有些沉淀很少，与其配方和组分有一定关系。膏状咸味香精香料是由美拉德反应产物与羧甲基纤维素钠、瓜尔豆胶、黄原胶、明胶等食用胶以及各种天然香料经高压均质混匀而成，流动性较差，使用相对不方便。

6. 精油类咸味香精香料

精油类咸味香精香料主要有两大类，一类是肉味精油，由新鲜肉类、脂肪及鲜骨髓提取物，与氨基酸和糖进行美拉德反应生成特定的肉香味，再经油水分离，去除水层制成的产品。另一类是香辛料精油，是由精选的上等天然香辛料经蒸馏、二氧化碳超临界萃取等工艺提取出香辛料的精华，再辅以油溶性溶剂制得。

五、 增香剂

增香剂在麻辣风味食品调味时起到很好的增香效果，添加增香剂是强化香味的有效手段。

1. 甲基环戊烯醇酮

甲基环戊烯醇酮（MCP）是增香剂的一种，目前在很多调味过程中均有使用，尤其是咸味香精香料增香时使用比较普遍。

2. 香兰素

香兰素作为普通的增香剂在麻辣风味食品调味时也在不断地微量使用。

3. 乙基麦芽酚

乙基麦芽酚是一种常用的增香剂，在不同的食品中使用量有相应的限制，也是当前麻辣风味食品中增香使用最为普遍的增香剂。

4. 呋喃酮

这是一类在咸味香精香料中使用最为广泛的增香原料，大多数咸味香精香料中均有使用，也就是说在麻辣风味食品中基本都在直接或者间接使用呋喃酮用于麻辣风味调味增香，是增香最为有效的原料之一。

第三节　肉类添加剂

一、发色剂

在蔬菜、水、土壤甚至空气中都可以发现有硝酸钠的存在。硝酸盐最初是从未提纯的食盐中发现的，在腌肉中少量使用硝酸盐已有几千年的历史。亚硝酸钠是由硝酸钠生成，也用于腌肉生产。

亚硝酸钠是食品添加剂中急性毒性较强的物质之一。摄取多量亚硝酸盐进入血液后，可使正常的血红蛋白（二价铁）变成正铁血红蛋白（即三价铁的高铁血红蛋白），失去携带氧的功能，导致组织缺氧，症状为头晕、恶心、呕吐、全身无力、心悸、全身皮肤发紫，严重者呼吸困难、血压下降、昏迷、抽搐，如不及时抢救会因呼吸衰竭而死亡。由于其外观、口味均与食盐相似，所以必须防止误用而引起中毒。

1. 硝酸盐

硝酸盐是无色结晶或白色结晶粉末，易溶于水。将硝酸盐添加到肉制品中，硝酸盐在微生物的作用下，最终生成NO，后者与肌红蛋白生成稳定的亚硝基肌红蛋白络合物，使肉制品呈现鲜红色，因此把硝酸盐称为发色剂。最大使用量：硝酸钠0.5g/kg，最大残留量（以亚硝酸钠计）：肉类罐头不得超过0.05g/kg；肉制品不得超过0.03g/kg。

2. 亚硝酸钠

亚硝酸钠是白色或淡黄色结晶粉末，亚硝酸钠除了防止肉品腐败，提高保存性之外，还具有改善风味、稳定肉色的特殊功效，此功效比硝酸盐还要强，所以在腌制时与硝酸钾混合使用，能缩短腌制时间。亚硝酸盐用量要严格控制。2007年我国颁布的《食品添加剂使用卫生标准》（GB 2760—2007）中对硝酸钠和亚硝酸钠的使用量规定使用范围是，肉类罐头，肉制品，最大使用量：亚硝酸钠0.15g/kg；最大残留量（以亚硝酸钠计）：肉类罐头不得超过0.05g/kg；肉制品不得超过0.03g/kg。

二、发色助剂

发色助剂主要是抗坏血酸钠、异抗坏血酸钠。在肉的腌制中使用抗坏血酸钠和异抗坏血酸钠主要有以下几个目的。

（1）抗坏血酸盐和异抗坏血酸盐可以将高铁肌红蛋白还原为亚铁肌红蛋白，因而加速了腌制的速度。

（2）抗坏血酸盐和异抗坏血酸盐可以同亚硝酸发生化学反应，增加一氧化氮的形成，因此可加速一氧化氮肌红蛋白的形成。

（3）多量的抗坏血酸盐能起到抗氧化剂的作用，因而能稳定腌肉的颜色和风味。

（4）在一定条件下抗坏血酸盐具有减少亚硝胺形成的作用。

抗坏血酸盐被广泛应用于肉制品腌制中，以起到加速腌制和助呈色的作用，而更重要的作用是减少亚硝胺的形成。已表明用550mg/kg的抗坏血酸盐可以减少亚硝胺的形成，但确切的机理还未知。目前许多腌肉都将亚硝酸盐和抗坏血酸盐结合使用。

三、着色剂

着色剂又称色素，可分为天然色素和人工合成色素两大类。中国允许使用的天然色素有红曲米、姜黄素、虫胶色素、红花黄色素、叶绿素铜钠盐、β-胡萝卜素、红辣椒红素、甜菜红和糖色等。实际用于肉制品生产中以红曲米最为普遍。

食用合成色素是以煤焦油中分离出来的苯胺染料为原料而制成的，故又称煤焦油色素和苯胺色素，如胭脂红、柠檬黄等。食用合成色素大多对人体有害，其毒害作用主要有三类：使人中毒、致泻、引起癌症，所以使用时应按照国家标准应该尽量少用或不用。

中国卫生部门规定：凡是肉类及其加工品都不能使用食用合成色素。

四、 防腐剂

1. 苯甲酸

苯甲酸亦称安息香酸，白色晶体，无臭，难溶于水，钠盐则易溶于水。苯甲酸及其钠盐在酸性条件下，对细菌和酵母有较强的抑制作用，抗菌谱较广，但对霉菌较差，可延缓霉菌生长，pH 值呈中性时，防腐能力较差。这种苯甲酸及其钠盐进入人体后在肝脏中自行解毒，没有积累，适用于稍带酸性的制品。允许使用量为0.2～1g/kg。

2. 山梨酸

山梨酸及其钾、钠盐被认为是有效的霉菌抑制剂，对丝状菌、酵母、好气性菌有强大的抑制作用，能有效地控制肉类中常见的许多霉菌。由于山梨酸可在体内代谢产生二氧化碳和水，故对人体无害，其使用量不超过 1g/kg。

3. 乳酸链球菌素（nisin）

乳酸链球菌素是从链球菌属的乳酸链球菌发酵产物中提取的一类多肽化合物，又称乳酸链球菌肽。它主要用于乳制品和某些罐头食品的防腐，还可用于鱼、肉类、酒精饮料等保鲜。

4. 溶菌酶

溶菌酶又称胞壁质酶或 *N*-乙酰胞壁质聚糖水解酶，广泛存在于动物组织和分泌物中，以鸡蛋清中的最丰富，其含量占蛋清蛋白总量的 3.4%～3.5%，是一种碱性蛋白酶，也是工业上生产溶菌酶的主要来源。

溶菌酶作为一种无毒无害的蛋白质，还是一种安全性很高的杀菌剂，1992 年 FAO/WTO 的食品添加剂联合专家委员会已经认定溶菌酶在食品中应用是安全的。

5. 乙酸

1.5%的乙酸有明显的抑菌效果。在 3%范围以内，因乙酸的抑菌作用，减缓了微生物的生长，避免了霉斑引起的肉色变黑变绿。当浓度超过3%时，对肉色有不良作用，这是由酸本身造成的。如采用3%乙酸加3%抗坏血酸处理时，由于抗坏血酸的护色作用，肉色可保持很好。

6. 乳酸钠

乳酸钠的使用目前还很有限。美国农业部（USDA）规定最大使用量为4%。乳酸钠的防腐机理有两个：乳酸钠的添加可减低产品的水分活性；乳酸根离子对乳酸菌有抑制作用，从而阻止微生物的生长。目前，乳酸钠主要应用于禽肉的防腐。

五、品质改良剂

磷酸盐已普遍地应用于肉制品中，以改善肉的保水性能。国家规定可用于肉制品的磷酸盐有三种：焦磷酸钠、三聚磷酸钠和六偏磷酸钠。它可以增加肉的保水性能，改善成品的鲜嫩度和黏结性，并提高出品率。

1. 焦磷酸钠

焦磷酸钠（1%水溶液pH值为10）为无色或白色结晶，溶于水，水中溶解度为11%，因水温升高而增加溶解度。能与金属离子配合，使肌肉蛋白质的网状结构被破坏，包含在结构中可与水结合的极性基团被释放出来，因而持水性提高。同时焦磷酸盐与三聚磷酸盐有解离肌动球蛋白的特殊作用，最大使用量不超过1g/kg。

2. 三聚磷酸钠

三聚磷酸钠（1%水溶液pH值为9.5）为白色颗粒或粉末，易溶于水，有潮解性。在灌肠中使用，能使制成品形态完整、色泽美观、肉质柔嫩、切片性好。三聚磷酸钠在肠道不被吸收，至今尚未发现有不良副作用。最大使用量应控制在2g/kg以内。

3. 六偏磷酸钠

六偏磷酸钠（1%水溶液pH值为6.4）为玻璃状无定形固体（片状、纤维状或粉末），无色或白色，易溶于水，有吸湿性，它的水溶液易与金属离子结合，有保水及促进蛋白质凝固的作用。最大使用量为1g/kg。

各种磷酸盐可以单独使用，也可把几种磷酸盐按不同比例组成复合磷酸盐使用。实践证明，使用复合磷酸盐比单独使用一种磷酸盐效果要好。混合的比例不同，效果也不同。在肉品加工中，使用量一般为肉重的0.1%～0.4%，用量过大会导致产品风味恶化，组织粗糙，呈色不良。焦磷酸盐溶解性较差，因此在配制腌液时要先将磷酸盐溶解后再加入其他腌制料。由于多聚磷酸盐对金属容器有一定的腐蚀作用，所以使用设备应选用不锈钢材料。此外，使用磷酸盐可能使腌制肉制品表面出现结晶，这是由焦磷酸钠形成的。

表2-1为复合磷酸盐的几种配方。

表2-1　复合磷酸盐的配方　　单位：%

编号	焦磷酸钠	三聚磷酸(盐)钠	六偏磷酸钠
1	40	40	20
2	50	25	25
3	50	20	30
4	5	25	70
5	10	25	65

六、增稠剂

增稠剂又称赋形剂、黏稠剂，具有改善和稳定肉制品物理性质或组织形态、丰富食用的触感和味感的作用。增稠剂按其来源大致可分为两类：一类是来自于含有多糖类的植物原料；另一类则是从蛋白质的动物及海藻类原料中制取的。增稠剂的种类很多，在肉制品加工中应用较多的植物性的增稠剂，如淀粉、琼脂、大豆蛋白等；动物性增稠剂，如明胶、禽蛋等。这些增稠剂的组成成分、性质、胶凝能力均有所差别，使用时应注意选择。

1. 淀粉

淀粉的种类很多，按来源可分为玉米淀粉、甘薯淀粉、马铃薯淀粉、木薯淀粉、绿豆淀粉等。由于原料不同，各种淀粉各具特色，用途也有一定差异。

2. 变性淀粉

变性淀粉是将原淀粉化学处理或酶处理后，改变原淀粉的理化性质后得到的产品，无论加入冷水或热水，都能在短时间内膨胀溶解于水，具有增黏、保型、速溶等优点，是肉制品加工中一种理想的增稠剂、稳定剂、乳化剂和赋形剂。

多年来，在肉制品加工中一直用天然淀粉作增稠剂来改善组织结构，作赋形剂和填充剂来改善产品的外观和成品率。但某些产品加工中，天然淀粉却不能满足某些工艺的要求。用变性淀粉代替原淀粉，在灌肠制品及西式火腿制品加工中应用，能收到满意的效果。

变性淀粉的性能主要表现在其耐热性、耐酸性、黏着性、成糊稳定性、成膜性、吸水性、凝胶性以及淀粉糊的透明度等诸方面的变化上。变性淀粉可明显地改善灌肠制品等的组织结构、切片性、口感和多汁性，提高产品的质量和出品率。变性淀粉主要有环状糊精、有机酸裂解淀粉、氧化淀粉、交联淀粉等。

3. 卡拉胶

卡拉胶是一种天然的食品配料，它是以红色海藻角叉菜、麒麟菜、耳突麒麟菜、粗麒麟菜、皱波角叉菜、星芒杉藻、钩沙菜、叉状藻、厚膜藻等为原料，经过水或碱提取、浓缩、乙醇沉淀、干燥等工艺精制而成。

卡拉胶是天然胶质中唯一具有蛋白质反应性的胶质，它能与蛋白质形成均一的凝胶，其分子上的硫酸基可以直接与蛋白质分子中的氨基结合，或通过 Ca^{2+} 等二价阳离子与蛋白质分子上的羧基结合，形成络合物。由于卡拉胶能与蛋白质结合，在加热时表现出充分的凝胶化，形成巨大的网络结构，可保持制品中大量水分，减少肉汁的流失，使制品具有良好的弹性和韧性。还具有很好的乳化效果，稳定脂肪，表现出很低的离油值，从而提高制品的出品率。另外，卡拉胶还有防止盐溶性肌球蛋白及肌动蛋白的损失，抑制鲜味成分的溶出和挥发的作用。

在肉制品中，简单地将卡拉胶掺入盐水中，借助盐水注射器和按摩加工，使它与盐水溶液共同进入肉组织中。一般推荐的使用量为成品质量的0.1%～0.6%。在使用卡拉胶粉末时，首先将卡拉胶粉末放在冷水系统中分散，并最好在含盐的系统中进行，这样可防止胶粉末膨胀溶解，不致形成团块，尤其适宜在含有钾离子、钙离子的溶液中进行，同时加以高速混合搅拌，然后将这种初步分散的胶液加热至卡拉胶溶胀，所需的温度随卡拉胶和盐的浓度增加而上升。

七、 乳化剂

1. 大豆蛋白

近年来，大豆蛋白在肉制品加工中的作用普遍受到重视，肉制品中常采用的是大豆浓缩蛋白和大豆分离蛋白。大豆蛋白在肉制品中的作用主要如下。

(1) 改善肉制品的组织结构　灌肠制品结构的致密性、切面的均质性主要与其加工过程中组织间的黏着性有关。大豆蛋白在分离提取过程中，由于经过了酸碱处理，其黏度增强。大豆蛋白的黏结性还与所处环境的pH值有关，这是因为任何可溶性蛋白质都有一个特定的pH值区间，在这个范围内蛋白分子在溶液中的双电子层、水化层相对稳定，从而呈现优良的胶态，表现出最佳的黏度。大豆蛋白的这种最适pH值是在6～8之间，由此可以看出，有利于大豆蛋白黏结性增强的外界条件都与肉制品，特别是许多灌肠类制品的加工工艺条件比较吻合。因此，为改进灌肠制品的结构性状，根据不同要求添加2%～10%的大豆蛋白。

(2) 改善肉制品的乳化性状　肉制品加工中的“乳化”是指包含蛋白质、脂肪、糖、水分和各种添加物的混合多相体系，在加工过程中在机械、化学的作用下，相互分散，彼此连接，最终形成稳定均匀的形态。这个乳化相形成过程中，可溶性的活性蛋白质起了相当关键的作用。这些蛋白质，尤其是其中的球蛋白分子，能在脂肪微粒的周围发生迁移、定位、联系和伸展现象，从而构成紧密的膜状物质。与此同时，蛋白质分子中的亲水基团和水分子发生结合，这种作用使原来互不相溶的相态体系紧密相连，形成统一的整体。在加热过程中，可溶性蛋白发生凝胶作用，构成蛋白质矩阵，从而牢固地束缚了脂肪和水分，避免了它们从组织中离析，达到良好的乳化效果。纯大豆蛋白中含有 90%以上的大豆球蛋白，它们在环境中的 NaCl 含量达到 0.8%以上时就能游离，发挥其活性作用，因此，在肉制品加工中是一种良好的乳化剂。应用大豆蛋白的这种性能，在肉制品加工中可以直接添加浓缩蛋白或分离蛋白干粉，也可以预乳化物的形式加入，它们能有效地提高灌肠、午餐肉类制品的品质，增加脂肪利用率。

(3) 加强肉制品的凝胶效应　蛋白质的凝胶构型为立体网络结构，它不仅能束缚水分和脂肪，而且还是风味物质的载体，因此，蛋白质的这种性能具有很大的加工意义。一般来说凝胶结构的稳定性除受外界条件的影响外，功能蛋白质的数量起了决定性的作用，为强化肉制品中的凝胶体系，添加一定数量的功能蛋白质是必要的。大豆蛋白凝胶形成的最适 pH 值在通常肉制品加工工艺条件的范围内，因此是一种较合适的功能蛋白添加物。在灌肠和西式火腿的蒸煮过程中，它的凝胶效应发生在肌纤维收缩前，在肌肉组织的外围形成一层致密的覆盖膜，从而大大减轻由肌纤维收缩造成的汁液流失，产品中的水溶性维生素和矿物质得以保存，提高了蒸煮得率。

2. 酪蛋白

酪蛋白能与肉中的蛋白质结合形成凝胶，从而提高肉的保水性。在肉馅中添加 2%时，可提高保水率 10%；添加 4%时，可提高 16%。如与卵蛋白、血浆等并用效果更好。酪蛋白在形成稳定的凝胶时，可吸收自身重量 5～10 倍水分。用于肉制品时，可增加制品的黏着性和保水性，改进产品质量，提高出品率。

3. 明胶

明胶是用动物的皮、骨、软骨、韧带、肌膜等富含胶原蛋白的组织，经部分水解后得到的高分子多肽的高聚合物。明胶在热水中可以很快溶解，形成具有黏稠度的溶液，冷却后即凝结成固态状，成为胶状。明胶形成的胶冻具有热可逆性，加热时熔化，冷却时凝固，这一特性在肉制品加工中常常有所应用，如制作水晶肴肉、水晶肠等常用明胶做出透明度高的产品。

4. 黄原胶

黄原胶是一种微生物多糖，由纤维素主链和三糖侧链构成。黄原胶可作为增稠剂、乳化剂、调和剂、稳定剂、悬浮剂和凝胶剂使用。《食品添加剂使用卫生标准》规定：在肉制品中最大使用量为2.0g/kg。在肉制品中起到稳定作用，且结合水分、抑制脱水收缩。

使用黄原胶时应注意：制备黄原胶溶液时，如分散不充分，将出现结块。除充分搅拌外，可将其预先与其他材料混合，再边搅拌边加入水中。如仍分散困难，可加入与水混溶性溶剂，如少量乙醇。黄原胶是一种阴离子多糖，能与其他阴离子型或非离子型物质共同使用，但与阳离子型物质不能配伍。其溶液对大多数盐类具有极佳的配伍性和稳定性。添加氯化钠和氯化钾等电解质，可提高其黏度和稳定性。

八、 抗氧化剂

有油溶性抗氧化剂和水溶性抗氧化剂两大类，国外使用的有30种左右。

1. 油溶性抗氧化剂

油溶性抗氧化剂能均匀地溶解分布在油脂中，对含油脂或脂肪的肉制品可以很好地发挥其抗氧化作用。油溶性抗氧化剂包括丁基羟基茴香醚、二丁基羟基甲苯和没食子酸丙酯，另外还有维生素E。

（1）丁基羟基茴香醚　又名丁基大茴香醚，简称BHA。其性状为白色或微黄色蜡样结晶性粉末，带有特异的酚类的臭气和有刺激性的气味。BHA除抗氧化作用外，还有很强的抗菌力。在直射光线长期照射下色泽会变深。

(2) 二丁基羟基甲苯　又名2,6-二叔丁基对甲酚、3,5-二叔丁基-4-羟基甲苯，简称BHT。为白色结晶或结晶粉末，无味，无臭，不溶于水及甘油，可溶于各种有机溶剂和油脂。对热相当稳定，与金属离子反应不会着色。具有升华性，加热时可与水蒸气一起挥发。BHT的抗氧化作用较强，耐热性好，在普通烹调温度下影响不大。一般多与丁基羟基茴香醚（BHA）并用，并以柠檬酸或其他有机酸为增效剂。

(3) 没食子酸丙酯（PG）　PG系白色或淡黄色晶状粉末，无臭，微苦。易溶于乙醇、丙酮、乙醚，难溶于脂肪与水，对热稳定。

没食子酸丙酯对脂肪、奶油的抗氧化作用较BHA或BHT强，三者混合使用时效果更佳；若同时添加柠檬酸0.01%，既可做增效剂，又可避免金属着色。

(4) 维生素E　维生素E系黄色至褐色几乎无臭的澄清黏稠液体。溶于乙醇而几乎不溶于水。可和丙酮、乙醚、氯仿、植物油任意混合。对热稳定。天然维生素E有α、β、γ等七种异构体。α-生育酚由食用植物油制得，是目前国际上唯一大量生产的天然抗氧化剂。

2. 水溶性抗氧化剂

应用于肉制品中的水溶性抗氧化剂主要包括抗坏血酸、异抗坏血酸、抗坏血酸钠、异抗坏血酸钠等。这4种水溶性抗氧化剂，常用于防止肉中血色素的氧化褐变，以及因氧化而降低肉制品的风味和质量等方面。

第四节　辅助性材料及包装

一、植物性辅料

在香肠生产中，常添加一些植物性辅料，其中以淀粉的应用最为广泛。研究表明，将淀粉加入肉制品中，对肉制品的保水性和肉制品的组织结构均有良好的作用。淀粉的这种作用是由于在加热过程中淀粉颗粒吸水膨润、糊化造成的。淀粉颗粒的糊化温度比肉中蛋白质的变性温度高，因此淀粉糊化时，肌肉蛋白质的变性已经基本完成，并形成了网状结构，此时淀粉颗粒夺取了存在于网状结构中结合不够紧密的水分，并将其固定，因而使制品的保水性提高；同时，淀粉颗粒因吸水变得膨润而富有弹性并起到黏合剂的作用，可使肉馅黏合、填塞孔洞，使产品富有弹性，切面平整美观，具有良好的组织形态。

另外，在加热煮制时，淀粉颗粒可以吸收熔化成液态的脂肪，从而减少脂肪的流失，提高成品率。不过，添加大量淀粉的肉制品在低温贮藏时极易产生淀粉的老化现象。

二、 肠衣

肠衣香肠加工过程中，肠衣主要起加工模具、容器及商品性能展示的作用。肠衣直接与肉基接触，第一，必须安全无毒，肠衣中的化学成分不向肉中迁移且不与肉中成分发生反应；第二，肠衣必须有足够的强度，以达到安全包裹肉料、承受灌装压力、经受封口与扭结应力的作用；第三，肠衣还需具有一定的收缩和伸展特性，能允许肉料在加工和贮藏中的收缩和膨胀；第四，肠衣还需具有较强的冷、热稳定性，在经受一定的冷、热作用后，不变形、不起皱、不发脆、不断裂。除此之外，根据产品特点，有的肠衣需要有一定的气体通透性，有些肠衣则需要有较好的气密性。

肠衣主要分为两大类，即天然肠衣和人造肠衣。过去灌肠制品的生产都是使用富有弹性的动物肠衣，随着灌肠制品的发展，动物肠衣已满足不了生产的需要，因此，世界上许多国家都先后研制了人造肠衣。

1. 天然肠衣

天然肠衣即动物肠衣，动物从食管到直肠之间的胃肠道、膀胱等都可以用来做肠衣，其具有较好的韧性和坚实性，能够承受一般加工条件下所产生的作用力，具有优良的收缩和膨胀性能，可以与包裹的肉料产生基本相同的收缩与膨胀。常用的天然肠衣有牛、羊、猪的小肠、大肠、盲肠，猪直肠，牛食管，牛、猪的膀胱及猪胃等。天然肠衣是可食的，可透水、透氧，进行烟熏，具有良好的柔韧性，是传统的肠类制品的灌装材料，但它的直径和厚度不完全相同，有的甚至弯曲不齐，对灌制品的规格和形状有不良影响。

天然肠衣一般采用干制或盐渍两种方式保藏。干制肠衣在使用前需用温水浸泡，使之变软后再用于加工；盐渍肠衣使用前需用清水充分浸泡清洗，除去肠衣内外表面的残留污物及降低肠衣含盐量。

2. 人造肠衣

人造肠衣主要包括胶原肠衣、纤维素肠衣和塑料肠衣。

(1) 胶原肠衣

胶原肠衣是以家畜的皮、肠、腱等作为原料，经石灰水浸泡、水洗，稀盐酸膨润，用机械破坏胶原纤维，经均质变为糊状，然后用高压喷嘴制出各种尺寸的肠衣，经干燥而成的。

胶原肠衣分为可食及不可食两种，可食的适于制作维也纳香肠、早餐肠、热狗肠及其他各种蒸煮肠；不可食的胶原肠衣较厚，且直径较大，主要用于风干肠生产。

套缩的胶原肠衣在使用前不用浸泡，打开包装即可使用。普通型胶原肠衣需要在灌装前进行浸泡，即在20～25℃、10%～15%的盐水中浸泡5～15min。随着盐水浓度增加，肠衣柔韧性和打卡性会得到提高。灌肠时，相对湿度应保持在40%～50%，以防肠衣干裂，热加工时，同样应注意干裂问题。

(2) 纤维素类肠衣

① 纤维素肠衣　纤维素肠衣是用短棉绒、纸浆作为原料制成的无缝筒状薄膜。这种肠衣具有韧性、收缩性、着色性，肠衣规格统一、卫生，具有透气透湿性，可烟熏，表面可以印刷，机械强度好，适合高速灌装和自动化连续生产。

此种肠衣不可食，在使用前不需要进行处理，可直接灌装。主要用于制作热狗肠、法兰克福肠等小直径肠类。熟制后用冷水喷淋冷却，然后去掉肠衣，再包装。

② 纤维肠衣 纤维肠衣是用纤维素黏胶再加一层纸张加工而成的，机械强度较高，可以打卡；对烟具有通透性，对脂肪无渗透性；不可食用，但可烟熏，可印刷；在干燥过程中自身可以收缩。这种肠衣在使用之前应先浸泡（印刷的浸泡时间应长些），应填充结实（填充时可以扎孔排气），烟熏前应先使肠衣表面完全干燥，否则烟熏颜色会不均匀，熟制后可以喷淋或水浴冷却。这种肠衣适用于加工各式冷切香肠、各种干式或半干式香肠、烟熏香肠及熟香肠和通脊火腿等。

③ 纤维涂层肠衣 纤维涂层肠衣是用纤维素黏胶、一层纸张压制，并在肠衣内面涂上一层聚偏二氯乙烯而制成的。此种肠衣阻隔性好，在贮存过程中可防止产品水分流失，加强对微生物的防护；收缩率高，外观饱满美观，可以印刷；但不能烟熏，不可食用。使用前应先用温水浸泡，灌装时应填充结实（不能扎孔），可以蒸煮达到所需的中心温度，然后用冷水喷淋或水浴冷却，适用于各类蒸煮肠。使用此种肠衣的产品，不需要进行二次包装。

④ 玻璃纸肠衣 玻璃纸是一种再生胶质纤维素薄膜。玻璃纸具有吸湿性、阻气性、阻油性、易印刷、可与其他材料层黏合、强度较高等特点。将玻璃纸卷成筒状，糨糊黏结，用小线绳将一端系上，即成玻璃纸肠衣，这种肠衣成本比天然肠衣低，性能比天然肠衣好，只要操作得当，几乎不出现破裂现象。

（3）塑料肠衣

① 聚偏二氯乙烯肠衣 聚偏二氯乙烯肠衣是利用氯乙烯和偏二氯乙烯共聚物制成的筒状或片状的肠衣。其特点是无味无臭，透水、透气、透紫外光性能很低，具有一定的热收缩性，可耐121℃湿热高温，可以印刷，机械灌装性能好，安全卫生，因此，这类肠衣已被广泛应用。聚偏二氯乙烯肠衣适合于高频热封灌装生产的火腿、香肠（如火腿肠、鱼肉肠等）。这种肠衣也大量用于高温灭菌制品的常温保藏。

② 聚酰胺肠衣 聚酰胺肠衣也称尼龙肠衣，是用尼龙6加工

而成的单层或多层肠衣。单层产品具有透气、透水性，一般用于可烟熏类和剥皮切片肉制品。多层肠衣具有不透水、不透气，可以印刷，不被酸、油、脂等腐蚀，不利于真菌和细菌生长，在蒸煮过程中还可以收缩，具有较强的机械强度和弹性，可耐高温杀菌等特性。使用前应先用 30℃水浸泡，灌装时要填充结实（不可扎孔），蒸煮后可喷淋或水浴冷却。

③ 聚酯肠衣　聚酯肠衣不透气、不透水，可以印刷，具有很高的机械强度，不被酸、碱、油脂、有机溶剂所侵蚀，易剥离。聚酯肠衣分为收缩性和非收缩性两种。收缩性的肠衣，热加工后能很好地和内容物黏合在一起，可用于非烟熏、熏煮香肠类、禽肉卷、熏煮火腿、切片肉类、新鲜野味、鱼等的包装及深冻食品的包装等。非收缩性的肠衣主要用于包装生鲜肉类和生香肠等不需加热的肉品。

三、 包装袋

1. 真空袋

真空袋主要用于中式香肠、中式腊肉、非蒸煮型的生肉制品，或牛肉干、肉脯等产品的包装，材质为 PA（尼龙）/PE（聚乙烯）、PA/AL/PE。一般 PA 薄膜层厚度约为 15μm，PE 层为 40～60μm，AL（铝箔）约为 7mm。

2. 蒸煮袋

蒸煮袋能用于 121℃杀菌的软包装食品用的四方袋，它分为透明袋和铝箔袋，普通型和隔绝型。

第三章　腌腊肉制品加工原理

第一节　腌制机理

腌腊肉制品是我国人民喜爱的传统食品之一。所谓“腌腊”是指畜禽肉类经过加盐或盐卤和香料进行腌制，经一个寒冬腊月，在较低的气温下自然风干成熟而成的。腌腊肉制品具有肉质紧密硬实、色泽红白分明、滋味咸鲜可口、便于携带和保存等优点。

腌腊肉制品之所以在常温中能长时间保存而不易变质，其主要原因首先是在腌制和风干成熟过程中，已脱去大部分水分，使成品肉质硬实；其次是腌制时添加食盐、硝酸盐能起抑菌作用。

一、盐渍原理

1. 腌制防腐原理

食盐不能灭菌，但一定浓度的食盐（10%～15%）能抑制许多腐败微生物的繁殖，因此对腌腊制品具有防腐作用。

盐类的防腐作用表现在以下几方面。

(1) 食盐的防腐作用　食盐可以提高肉制品的渗透压，引起微生物细胞的脱水、变形，同时破坏水的代谢，从而抑制微生物的生长；微生物分泌出来的酶很容易遭到盐液的破坏，这可能是盐液中的离子破坏了酶蛋白质分子中的氢键或与肽键结合，从而破坏了酶分子蛋白质的能力；钠离子的迁移率小，能破坏微生物细胞的正常代谢；氯离子比其他阴离子（如溴离子）更具有抑制微生物活动的作用。此外，食盐的防腐作用还在于食盐溶液减少了氧的溶解度，氧很难溶于食盐水中，由于缺氧减少了需氧性微生物的繁殖。

(2) 硝酸盐和亚硝酸盐的防腐作用　硝酸盐和亚硝酸盐可以抑

制肉毒梭状芽孢杆菌的生长，也可以抑制许多其他类型腐败菌的生长。这种作用在硝酸盐浓度为0.1%和亚硝酸盐浓度为0.01%左右时最为明显。

(3) 对酶活力的影响 食盐溶液可以抑制微生物蛋白质分解酶的作用。这是由于食盐分子可以和酶蛋白质分子中的肽键结合，减少了微生物酶对蛋白质的作用，降低了微生物利用蛋白质作为物质代谢的可能性，这样蛋白质就变成不容易被微生物酶分解的物质了。

(4) 盐溶液中缺氧的影响 食盐溶液减少了氧的溶解度，氧难溶于盐水中，就形成了缺氧的环境，在这样的环境中，需氧菌就难以生长。

所有上述这些因素都影响到微生物在盐水中的活动，因而能抑制微生物的生长。但某些种类的微生物甚至能够在饱和盐溶液中生存。5%的 NaCl 溶液能完全抑制厌氧菌的生长，10%的 NaCl 溶液对大部分细菌有抑制作用，但一些嗜盐菌在15%的盐溶液中仍能生长。食盐的抑菌作用比杀菌作用大，因此，肉的腌制不可在适于微生物繁殖的温度下进行，腌制时温度一般保持在1～4℃，在较高的温度下腌制可使肉发生腐败。腌肉用的食盐、水和容器必须保持卫生状态，严防细菌和机械的污染。由于腌制时常发现耐盐性细菌引起的产品腐败，因此，单纯的腌制不能保证肉长时期不变质，还要和其他方法配合，如低温、烟熏、干燥等，才能使腌制作用的效果更好。

2. 腌制发色原理

腌腊肉制品的发色原理与其他肉制品的发色原理相同，但因其含水量低，呈色物质浓度较高，因此，色泽更鲜亮。肥肉经成熟后，常呈白色或无色透明，使腌腊肉制品色泽红白分明。

(1) 腌制过程呈色变化

① 硝酸盐和亚硝酸盐发色作用 肉在腌制时，食盐会加速血红蛋白（Hb）和肌红蛋白（Mb）氧化，形成高铁血红蛋白（MetHb）和高铁肌红蛋白（MetMb），使肌肉丧失天然色泽，变

成淡灰色。为避免颜色变化，在腌制时常使用发色剂——硝酸盐和亚硝酸盐，常用的有硝酸钠和亚硝酸钠。加入硝酸钠或亚硝酸钠后，肌肉中的色素蛋白质和亚硝酸钠发生化学反应而形成鲜艳的亚硝基肌红蛋白和亚硝基血红蛋白，这种化合物在烧煮时变成稳定的粉红色，使肉呈现出鲜艳的色泽。

发色机理：首先硝酸盐在肉中脱氮菌（或还原物质）的作用下，被还原成亚硝酸盐；然后与肉中的乳酸产生复分解作用而形成亚硝酸，亚硝酸再分解产生氧化氮；一氧化氮与肌肉纤维细胞中的肌红蛋白（或血红蛋白）结合产生鲜红色的亚硝基（—NO）肌红蛋白（或亚硝基血红蛋白），使肉具有鲜艳的玫瑰红色。亚硝酸是提供一氧化氮的最主要来源。实际上获得色素的程度，与亚硝酸盐参与反应的量有关。亚硝酸盐能使肉发色迅速，但呈色作用不稳定，适用于生产过程短而不需要长期贮藏的制品，对那些生产周期长和需长期贮藏的制品，最好使用硝酸盐。现在许多国家广泛采用混合盐料。生产各种灌肠时混合盐料的组成是：食盐 99%，硝酸盐 0.83%，亚硝酸盐 0.17%。

② 发色助剂对肉色稳定作用　肉制品中常用的发色助剂有抗坏血酸和异抗坏血酸及其钠盐，其作用过程与硝酸盐或亚硝酸盐的发色过程紧密相连。硝酸盐或亚硝酸盐的发色机理是其生成的亚硝基血红蛋白形成显色物质，色助剂具有较强还原性，其助色作用通过促进 NO 生成，防止 NO 及亚铁离子的氧化。抗坏血酸盐容易被氧化，是一种良好的还原剂。它能促使亚硝酸盐还原成一氧化氮，并创造厌氧条件，加速一氧化氮肌红蛋白的形成，完成肉制品的发色作用。同时在腌制过程中防止一氧化氮再被氧化成二氧化氮，有一定的抗氧化作用。若与其他添加剂混合使用，能防止肌肉红色褐变。

腌制液中复合磷酸盐会改变盐水的 pH 值，会影响抗坏血酸的助色效果，因此往往加抗坏血酸的同时需加入助色剂烟酰胺。烟酰胺也能形成稳定的烟酰胺肌红蛋白，使肉呈红色，且烟酰胺对 pH 值的变化不敏感。据研究，同时使用抗坏血酸和烟酰胺助色效果较好，且成品的颜色对光的稳定性要好得多。

目前，世界各国在生产肉制品时，都非常重视抗坏血酸的使用。其最大使用量为0.1%，一般为0.025%～0.05%。

（2）影响腌腊肉制品色泽的因素

① 发色剂的使用量　肉制品的色泽与发色剂的使用量密切相关，用量不足时发色效果不明显。为了保证肉色呈红色，亚硝酸钠的最低用量为0.05g/kg；用量过大时，过量的亚硝酸根的存在又能使血红素物质中的卟啉环的α-甲炔键硝基化，生成绿色的衍生物。为了确保食用安全，我国国家标准规定：在肉制品中硝酸钠最大使用量为0.05g/kg；亚硝酸钠的最大使用量为0.15g/kg，在这个安全范围内使用发色剂的多少和原料肉的种类、加工工艺条件及气温情况等因素有关。一般气温越高，呈色作用越快，发色剂可适当少添加些。

② 肉的pH值　肉的pH值也影响亚硝酸盐的发色作用。亚硝酸盐只有在酸性介质中才能还原成一氧化氮，因此当pH值呈中性时肉色淡，特别是为了提高肉制品的保水性，常加入碱性磷酸盐，但加入后会引起pH值升高，影响呈色效果，所以应注意其用量。在过低的pH值环境中，亚硝酸盐的消耗量增大，如使用亚硝酸盐过量，易引起绿变，发色的最适宜pH值范围一般为5.6～6.0。

③ 温度　生肉呈色的过程比较缓慢，但经烘烤、加热后，反应速率加快，若配好料后不及时处理，生肉就会褪色，特别是灌肠机中的回料，刚氧化就褪色，这就要求操作迅速，及时加热。

④ 腌制添加剂　添加蔗糖和葡萄糖，由于其还原作用，可影响肉色强度和稳定性；添加烟酸、烟酰胺也可形成比较稳定的红色，但这些物质无防腐作用，还不能代替亚硝酸钠。另一方面，香辛料中的丁香对亚硝酸盐还有消色作用。

⑤ 其他因素　微生物和光线等也会影响腌肉色泽的稳定性，正常腌制的肉切开后置于空气中切面会逐渐发生褐变，这是因为一氧化氮肌红蛋白在微生物的作用下引起卟啉环的变化。一氧化氮肌红蛋白不但受微生物影响，而且对可见光也不稳定，在光的作用下

NO 血色原失去 NO，再氧化成高铁血色原，高铁血色原在微生物等的作用下，使得血色素中的卟啉环发生变化，生成绿、黄、无色衍生物，这种褪色现象在脂肪酸败、有过氧化物存在时可加速发生。有时制品在避光的条件下贮藏也会褪色，这是由于一氧化氮肌红蛋白单纯氧化所造成的。如果灌肠制品灌得不紧，使空气混入馅中，气孔周围的颜色会变成暗褐色。肉制品的褪色与温度有关，在2～8℃的条件下褪色速度比在15～20℃以上的条件下要慢一些。

综上所述，为了使肉制品获得鲜艳的颜色，除了要有新鲜的原料外，还必须根据腌制时间的长短，选择合适的发色剂，掌握适当的用量，在适宜的 pH 值条件下严格操作。此外，要注意低温、避光，并采用添加抗氧化剂，真空包装或充氮包装，添加去氧剂脱氧等方法避免氧的影响，保持腌肉制品的色泽。

3. 腌制保水原理

腌制除了改善肉制品的风味，提高保藏性能，增加诱人的颜色外，还可以提高原料肉的保水性和黏结性。

(1) 食盐的保水作用　食盐能使肉的保水作用增强。Na^{+} 和 Cl^{-} 与肉蛋白质结合，在一定的条件下蛋白质立体结构发生松弛，使肉的保水性增强。此外，用食盐腌肉能使肉的离子强度提高，肌纤维蛋白质数量增多，在这些纤维状肌肉蛋白质加热变性的情况下，将水分或脂肪包裹起来凝固，使肉的保水性提高。

肉在腌制时由于吸收腌制液中的水分和盐分而发生膨胀。对膨胀影响较大的是 pH 值、腌制液中盐的浓度、肉量与腌制液的比例等。肉的 pH 值越高膨润度越大；盐水浓度在 8%～10%时膨润度最大。

(2) 磷酸盐的保水作用　磷酸盐在肉制品加工中的作用，主要是提高肉的保水性，增加黏着力。由于磷酸盐呈碱性反应，加入肉中能提高肉的 pH 值，使肉膨胀度增大，从而增强保水性，增加产品的黏着力和减少养分流失，防止肉制品的变色和变质，有利于调味料浸入肉中心，使产品有良好的外观和光泽。磷酸盐增强肉的保水性和黏结性的作用机理如下。

① 磷酸盐呈碱性反应，加入肉中可提高肉的 pH 值，从而增强肉的保水性。

② 磷酸盐的离子强度大，在肉中加入少量磷酸盐即可提高肉的离子强度，改善肉的保水性。

③ 磷酸盐中的聚磷酸盐可使肌肉蛋白质的肌动球蛋白分离为肌球蛋白、肌动蛋白，从而使大量蛋白质的分散粒子因强有力的界面作用，成为肉中脂肪的乳化剂，使脂肪在肉中保持分散状态。此外，聚磷酸盐能改善蛋白质的溶解性，在蛋白质加热变性时，能和水包在一起凝固，增强肉的保水性。

④ 聚磷酸盐有除去与肌肉蛋白质结合的钙和镁等碱土金属的作用，从而能增强蛋白质亲水基的数量，使肉的保水性增强。磷酸盐中以聚磷酸盐即焦磷酸盐的保水性最好，其次是三聚磷酸钠、四聚磷酸钠。

生产中常使用几种磷酸盐的混合物，磷酸盐的添加量一般在0.1％～0.3％，添加磷酸盐会影响肉的色泽，并且过量使用有损风味。

二、 腌制方法

肉在腌制时采用的方法主要有 4 种，即干腌法、湿腌法、混合腌制法和盐水注射法。不同腌腊制品对腌制方法有不同的要求，有的产品采用一种腌制法即可，有的产品则需要采用两种甚至两种以上的腌制法。

1. 干腌法

用食盐或盐硝混合物涂擦肉块，然后堆放在容器中或堆叠成一定高度的肉垛。操作和设备简单，在小规模肉制品厂和农村多采用此法。腌制时由于渗透和扩散作用，由肉的内部分泌出一部分水分和可溶性蛋白质与矿物质等形成盐水，逐渐完成其腌制过程，因此腌制需要的时间较长。干腌时产品总是失水的，失去水分的程度取决于腌制的时间和用盐量。腌制周期越长，用盐量越高，原料肉越瘦，腌制温度越高，产品失水越严重。

干腌法生产的产品有独特的风味和质地，中式火腿、腊肉均采用此法腌制，国外采用干腌法生产的比例很少，主要是一些带骨火腿，如乡村火腿。干腌的优点是操作简便，不需要很大的场地，蛋白质损失少，水分含量低、耐贮藏；缺点是腌制不均匀，失重大，色泽较差，盐不能被重复利用，工人劳动强度大。

2. 湿腌法

湿腌法即盐水腌制法，就是在容器内将肉品浸没在预先配制好的食盐溶液内，并通过扩散和水分转移，让腌制剂渗入肉品内部，并获得比较均匀的分布，直至它的浓度最后和盐液浓度相同的腌制方法。

湿腌法用的盐溶液一般是15.3～17.7°Bé，硝石不低于1%，也有用饱和溶液的，腌制液可以重复利用，再次使用时需煮沸并添加一定量的食盐，使其浓度达到12°Bé，湿腌法腌制肉类时，每千克肉需腌3～5d。

湿腌法的优点是：腌制后肉的盐分均匀，盐水可重复使用，腌制时可以降低工人的劳动强度，肉质较为柔软。湿腌法的缺点是：蛋白质流失严重，所需腌制时间长，风味不及干腌法，含水量高，不易贮藏。

3. 混合腌制法

混合腌制法是采用干腌法和湿腌法相结合的一种方法，可先进行干腌放入容器中后，再放入盐水中腌制或在注射盐水后，用干的硝盐混合物涂擦在肉制品上，放在容器内腌制。这种方法应用最为普遍，如南京板鸭、西式培根的加工。

干腌和湿腌相结合可减少营养成分流失，增加贮藏时的稳定性，防止产品过度脱水，咸度适中；不足之处是较为麻烦。

4. 盐水注射法

为加速腌制液渗入肉内部，在用盐水腌制时先用盐水注射，然后再放入盐水中腌制。盐水注射法分动脉注射腌制法和肌肉注射腌制法。

（1）动脉注射腌制法　动脉注射腌制法是用泵将盐水或腌制液

经动脉系统压送入分割肉或腿肉内的腌制方法，为扩散盐腌的最好方法。

(2) 肌肉注射腌制法 肌肉注射腌制法分单针头和多针头两种。

三、腌制注意事项

腌肉尽管有许多优点，诸如风味、保水、防腐、增色等，但腌肉制品也要注意其缺点，才能扬其所长、抑其所短。

1. 腌制的时间

腌制时间以不少于 2d 为好，多腌 1d 更好，对黏着力、保水性、风味口感均有好处。这样短的时间要把肉腌好，需要多方面的配合。这是因为盐水向肉组织渗透扩散，是缓慢的物理化学反应过程；肉块内部水溶性、盐溶性蛋白质的溶解、析出，需要渗透进来的水分和盐分才能实现；蛋白质的溶解，磷酸盐对肌动球蛋白的离解，其反应需要时间；辅料如淀粉吸水膨胀、大豆蛋白粉的乳化并向肉组织渗透也都需要时间。

如果为了加速腌制的周转，把腌制时间不适当地缩短，那么上述反应就会作用得不充分、不完全而影响防腐、增水、增味、发色效果，当然，腌制时间与腌制温度呈反比。

除非借助滚揉、搓揉、斩拌等机械将肌肉细胞的细胞壁尽量破坏，使肌动球蛋白尽数释放出来，一般是不宜缩短腌渍时间的。也有在 2～5℃ 下腌制 7～10d 的，以得到肉色稳定、风味浓烈的制品。

2. 腌制的真空

腌制是各种加工中时间最长的初始加工。为了缩短腌制时间，真空就是一个很有效的方法，它可以加快腌盐渗入和细胞汁液流出。真空还可以抑制细菌的生长繁殖，甚至杀灭好氧性细菌，防止颜色变化，防止蛋白质、盐、水、空气乳浊液的形成，以免蒸煮后在肉之间有气泡等，也兼有因无氧、少氧而防止肌肉组织和脂肪氧化的目的。

3. 腌液的 pH 值

一般成熟肉的 pH 值在 5.7 左右。为了提高其保水性，可加入碱性的磷酸盐，使 pH 值升高；按发色、抑菌等的要求，以 pH 值为 6 左右为好；按保水要求，pH 值又以 7 左右为好。权衡多方面因素的利弊，"过犹不及"，一般可调节在各种要求的中间值，如 pH=6.5。

正常情况下，pH 值基本上都符合这个数值。如果偏离得过多，欲酸可加入适量的柠檬酸、维生素 C；欲碱可加入适量的碳酸氢钠予以调节。

4. 亚硝酸盐量控制

在一定条件下，食品中的亚硝酸盐可与二级胺（仲胺）形成致癌物质亚硝胺，所以腌制中亚硝酸盐的添加量需要严格关注。

5. 腌制时的水分添加量

水分过少，渗透扩散慢而不均匀，肉质偏硬，胶合不完全，弥合不好，蒸煮后容易产生空洞；水分过多，吸收不了，色泽冲淡，蛋白质黏度不好，黏着力差，蒸煮后有汁液外渗的游离水，切片过分柔软。生产培根和火腿添加水量是不同的。培根注入盐水量一般掌握在 10%，个别高达 25%；随着肉内水分外渗、熟化等的进行，成品率一般在 104%～110%较为理想。否则产品太湿，切片性不好。火腿则因添加的辅料变化大而有很大的区别。例如是否添加磷酸盐、淀粉、豆粉、奶粉，是鲜肉或是冻肉，冻肉解冻约有 3%～8%的失水率。目前水分添加量控制在 20%～30%。

此外，腌制也要注意配制腌制液时的卫生、温度、称量、配制的次序等，否则也会直接影响产品品质。

第二节　熏制机理

一、烟熏目的

烟熏目的归纳为三个，即使产品的颜色良好，赋予产品特殊的香味和使产品的贮藏性提高。此三种目的究竟以哪种目的为主，则以产品的种类而异。过去常以提高产品的贮藏性作为烟熏的主要目的，而目前则以提高香味为主要目的。

1. 烟熏对风味的作用

起改善风味作用的主要是有机酸、醛、乙醇、酯、酚类等，特别是酚类中的愈创木酚和4-甲基愈创木酚是最重要的风味物质。有资料指出，当酚类在0.81、羰基类在0.37、醛类在0.32这种比例时，可以得到最佳风味，其中酚类占的比例较大。将木材干馏时得到的木馏油进行精制处理后得到一种木醋液，它的主要成分为醋酸、酚类、水，除具有较强的杀菌、抗菌、防虫的功效外，用在烟熏食品上也能起到增加风味的作用。

2. 烟熏对颜色的作用

一方面，木材烟熏时产生的羰基化合物，可以和蛋白质或其他含氮物中的游离氨基发生美拉德反应；另一方面随着烟熏的进行，肉温提高，会促进一些还原性细菌的生长，加速一氧化氮血色原形成稳定的颜色。另外还会因受热有脂肪外渗，有润色作用。

3. 防腐抗氧化作用

使肉具有防腐性的主要物质是木材中的有机酸、醛和酚类。有机酸可以与肉中的氨、胺等碱性物质中和，由于其本身的酸性而使肉向酸性方向发展。而腐败菌在酸性条件下一般不易繁殖，而在碱性条件下易于生长。醛类一般具有防腐性，特别是甲醛的作用更重要。甲醛不仅本身有防腐性，而且它还与蛋白质或氨基酸等含有的游离氨基结合，使碱性减弱，酸性增强，从而也增加肉的防腐作用。

酚类虽然也有防腐性，但其防腐作用比较弱，具有良好的抗氧化作用。

过去以烟熏作为防腐手段时，应用冷熏法，进行1～2周甚至3周的长时间烟熏，这样的长时间烟熏过程中，不仅烟中的防腐物质得以较多的浸入肉中，而且可使肉充分干燥，达到防腐目的。从这种长时期烟熏的防腐效果看，不能简单地归结为烟熏的作用，其中烟熏前的腌制及熏烟过程中的干燥脱水作用，都可赋予肉制品以防腐性。

二、 熏烟成分和作用

1. 熏烟的产生

熏烟是由木材发生高温分解作用产生的。这一过程可以分为两步。

① 木材的高温分解　正常烟熏情况下常见的温度范围在100～400℃，这就会产生200种以上的成分。

② 高温分解产物的变化　高温分解产物发生聚合反应、缩合反应形成环状或多环状化合物。烟熏时引入的氧气导致氧化作用，因此熏烟成分会进一步复杂化。

2. 熏烟的成分

现在已在木材熏烟中分离出300种以上不同的化合物，但这并不意味着烟熏肉中存在着所有这些化合物。熏烟的成分常因燃烧温度、燃烧室的条件、形成化合物的氧化变化以及其他许多因素的变化而有差异。而且熏烟中有一些成分对制品风味及防腐作用来说无关紧要。熏烟中最常见的化合物为酚类、有机酸类、醇类、羰基化合物、烃类以及一些气体物质，如CO_2、CO、O_2、N_2等。

3. 肉制品上熏烟的沉积和渗透

影响熏烟沉积量的因素有食品表面的含水量、熏烟的密度、烟熏室内的空气流速和相对湿度。一般食品表面越干燥，沉积得越少(用酚的量表示)；熏烟的密度越大，熏烟的吸收量越大，与食品表面接触的熏烟也越多；气流速度太大，也难以形成高浓度的熏烟。因此实际操作中要求既能保证熏烟和食品的接触，又不致使密度明显下降，常采用7.5～15.0m/min的空气流速。相对湿度高有利于加速沉积，但不利于色泽的形成。

烟熏过程中，熏烟成分最初在表面沉积，随后各种熏烟成分向内部渗透，使制品呈现特有的色、香、味。影响熏烟成分渗透的因素是多方面的，主要有熏烟的成分、浓度、温度、产品的组织结构、脂肪和肌肉的比例、水分的含量、熏制的方法和时间等。

三、烟熏方法

肉品加工中使用的各种烟熏工艺导致了产品不同的感官品质和货架期。传统工艺基于加工人员的实践经验，要求工人在不同的气候条件下都能熟练控制烟熏的效果。在大规模的肉制品加工中，烟熏在自动烟熏室中进行，工艺参数由试验研究确定，并且由电脑控制。

1. 直接烟熏法

（1）冷熏法　冷熏法是将原料经过较长时间的腌渍，使原料带有较强的咸味以后，在低温（15～30℃，平均25℃）下进行较长时间（4～7d）的熏制。这种方法在冬季进行比较容易，而在夏季时由于气温高，温度很难控制，特别当发烟很少的情况下，容易发生酸败现象。冷熏法生产的食品水分含量在40%左右，其贮藏期较长，但烟熏风味不如温熏法。冷熏法的产品主要是干制的香肠，如色拉米香肠、风干香肠等。

（2）温熏法　温熏法的温度为30～50℃，用于熏制脱骨火腿和通脊火腿及培根等，熏制时间通常为1～2d。熏材通常采用干燥的橡材、樱材、锯木，熏制时应控制温度缓慢上升，用这种温度熏制，重量损失少，产品风味好，但耐贮藏性差。

（3）热熏法　热熏法的温度为50～85℃，通常在60℃左右，熏制时间4～6h，是应用较广泛的一种方法，因为熏制的温度较高，制品在短时间内就能形成较好的烟熏色泽。熏制的温度必须缓慢上升，不能升温过急，否则发色不均匀，一般灌肠产品的烟熏采用这种方法。熏制法兰克福肠时，第一阶段使用的温度是32～38℃，这样做的目的是除去表面的水分，保证制品表面颜色的均一。第二阶段使用控湿的浓烟热熏1～1.5h，使肠体的中心温度升至60～68℃，以产生制品理想的烟熏颜色和风味。

（4）焙熏法（熏烤法）　焙熏法烟熏温度为90～120℃，是一种特殊的熏烤方法，火腿、培根不采用这种方法。由于熏制的温度较高，熏制过程完成熟制的目的，不需要重新加工就可食用，而且熏制的时间较短。应用这种方法烟熏，肉制品缺乏贮藏性，应迅速食用。

（5）电熏法　在烟熏室配制电线，电线上吊挂原料后，给电线通1～2万伏高压直流电或交流电，进行电晕放电。熏烟由于放电而带电荷，可以更深地进入肉内，提高制品风味、延长贮藏期，这种通电的烟熏法称电熏法。

（6）液熏法　用液态烟熏制剂代替烟熏的方法称为液熏法。液态烟熏制剂一般是用硬木干馏制成并经过特殊净化，含有烟熏成分的溶液。使用烟熏液和天然烟熏相比有不少优点，首先它不再需用熏烟发生器，这就可以减少大量的投资费用；其次，过程有较好的重现性，因为液态烟熏制剂的成分比较稳定；再者，制得的液态烟熏制剂中固相已去净，无致癌的危险。一般用硬木制液态烟熏剂，软木虽然能用，但必须注意将焦油物质去净，一般用过滤法即可除去焦油小滴和多环烃。最后产物主要是由气相组成的，并且含有酚、有机酸、醇和羰基化合物。对不少液态烟熏制剂进行分析，未发现有多环烃特别是苯并芘的存在。动物中毒试验证实了化学分析的结果，即所生产的液态烟熏制剂内不含有致癌物质。

利用烟熏液的方法主要为两种。一种方法为用烟熏液代替熏烟材料，用加热方法使其挥发，然后吸附在制品上。这种方法仍需要烟熏设备，但其设备容易保持清洁状态。而使用天然烟熏法时常会有焦油或其他残渣沉积，以致经常需要清洗。另一种方法为通过浸渍或喷洒法，使烟熏液直接加入制品中，这可省去全部的烟熏工序。采用浸渍法时，将烟熏液加3倍水稀释，将制品在其中浸渍10～20h，然后取出干燥，浸渍时间可根据制品的大小、形状而定。如果在浸渍时加入0.5％左右的食盐风味更佳。一般说在稀释液中长时间浸渍可以得到风味、色泽、外观均佳的制品，有时在稀释后的烟熏液中加5％左右的柠檬酸或醋，主要是对于生产去肠衣的肠制品，便于形成外皮。用液态烟熏剂取代烟熏后，肉制品仍然要蒸煮加热，同时烟熏制剂溶液喷洒处理后立即蒸煮，还能形成良好的烟熏色泽，为此烟熏制剂处理应在即将开始蒸煮前进行。

2. 间接烟熏法

这是一种不在烟熏室内发烟，而是利用单独的烟雾发生器发烟，将燃烧好的具有一定温度和湿度的熏烟送入烟熏室，对肉制品进行熏烤的烟熏方法。这种方法不仅可以克服直接法烟气密度和温度不均现象，而且可以将发烟燃烧温度控制在400℃以下，减少有害物质的产生。因而间接法得到广泛的应用。间接烟熏法按照熏烟的发生方法和烟熏室内的温度条件分为以下几种。

(1) 燃烧法　燃烧法是将木屑倒在电热燃烧器上使其燃烧，再通过风机送烟的方法。此法将发烟和熏制分在两处进行。烟的生成温度与直接烟熏法相同，需减少空气量和通过控制木屑的湿度进行调节，但有时仍无法控制在400℃以内。所产生的烟是靠送风机与空气一起送入烟熏室内的，所以烟熏室内的温度基本上由烟的温度和混入空气的温度所决定。这种方法是以空气的流动将烟尘附着在制品上，从发烟机到烟熏室的烟道越短焦油成分附着越多。

(2) 摩擦发烟法　摩擦发烟是应用钻木取火的发烟原理进行发烟的方法。在硬木棒上压以重石，硬木棒抵住带有锐利摩擦刀刃的高速旋转轮，通过剧烈的摩擦产生热量使削下的木片热分解产生烟，靠燃渣容器内水的多少来调节烟的温度。

(3) 湿热分解法　此法是将水蒸气和空气适当混合，加热到300～400℃后，使热量通过木屑产生热分解。因为烟和水蒸气是同时流动的，因此烟将变成潮湿的高温烟。一般送入烟熏室内的烟温度约80℃，故在烟熏室内烟熏之前制品要进行冷却。冷却可使烟凝缩，附着在制品上，因此此法也称凝缩法。

(4) 流动加热法　流动加热法用压缩空气使木屑飞入反应室内，经过300～400℃的过热空气，使浮游于反应室内的木屑热分解。产生的烟随气流进入烟熏室，由于气流速度较快，灰化后的木屑残渣很容易混入其中，所以需要通过分离器将两者分离。

四、烟熏对产品的影响

随着消费者对烟熏食品风味的青睐，烟熏已作为肉类加工的一个主要工艺，被广泛采用。烟熏过程中产品发生的主要变化有如下几方面。

1. 重量的变化

烟熏过程中会发生水分蒸发、重量减少、挥发性成分减少等变化，主要影响因素有烟熏温度、湿度以及空气流速。另外，经验证明，使用较干燥的熏材比用潮湿的熏材损失的重量少。

2. 主要营养成分的变化

(1) 蛋白质的变化　不同产品烟熏过程中蛋白质的变化有所不同。最显著的变化是可溶性蛋白态氮和肌浆态氮含量减少，浸出物质氮含量增加。

(2) 油脂的变化　熏烟中由于有机酸多，产品酸价明显增大，游离脂肪酸含量也增加，碘价增高。由于熏烟中含有抗氧化物质，可以使油脂的稳定性增加，抗氧化性增强。

3. 品质的变化

(1) 发色作用　产品只经腌制，不经熏制，则食品不会发生增色现象，熏制可以确保肉品充分发色。熏制时，硝酸还原菌繁殖快，可促进发色；再者，熏制中促进熏烟中的羰基化合物和食品中的氨基发生美拉德反应而形成茶褐色。熏制过程中，由于加工条件不适宜，可能会有发色环现象。腌制过程中，腌制温度低、时间短，发色反应不能充分进行，则会在熏制过程中进行，若熏制条件不适宜，受热不均匀，则发色不均匀，即出现发色环现象。不过，随着加工甚至贮藏时间的延长，发色环最终一定会消失。所以烟熏室放入产品之后应慢慢升温。一般前期温度稍高，后期温度稍低。

(2) 形成油亮透明的光泽　产品在烟熏过程中会形成油亮透明的光泽，其原因主要有两点：

① 腌制过程中肌肉组织中的球蛋白溶于盐溶液中，形成溶胶，受烟熏干燥而生成透明有光泽的油膜；

② 熏烟中有醛类和酚类物质，这两类物质缩合形成树脂膜。

五、 熏烟中有害成分的控制

1. 控制生烟温度

因为苯并芘的生成需要较高的温度，只要适当控制烟熏室的供氧量，让木屑缓慢燃烧，降低火势，从控制温度着手，在一定程度上可以降低苯并芘的生成。根据对熏室条件下闷烧木屑测定，燃烧处温度接近500℃，大约生烟处的温度为400℃，一般认为理想温度以340～350℃为宜。这样既可达到烟熏目的，又可降低有害物质，两者得到兼顾。要注意的是木屑不可太潮，否则容易熄火；另一方面湿木屑容易生灰炭，黏附制品表面。

2. 湿烟法

用机械的方法把高热的水蒸气和空气混合物强行通过木屑，使木屑产生烟雾，并把它引进熏室，同样能产生烟熏风味，来达到熏制目的而又不会产生苯并芘污染制品。

3. 隔离保护法

由于苯并芘的分子比熏烟中其他物质的分子大得多，况且它大部分附着在固体微粒上，所以可采用过滤的方法，选择只让小分子物质穿过而不让苯并芘穿过的材料，这样既能达到熏制目的，又能减少苯并芘的污染。如各种动物肠衣和人造纤维肠衣对苯并芘均有不同程度的阻隔作用。因此灌制品表面苯并芘的含量比肉馅中的含量高得多，食用时应该把肠衣剥去。

4. 外室生烟法

为了把熏烟中的苯并芘尽可能除去，或减少其含量，还可采用熏室和生烟室分开的办法，即在把熏烟引入熏室前，用棉花或淋雨等方法进行过滤，然后把熏烟通过管道送入熏室，这样可以大大降低苯并芘含量。

5. 液熏法

前面已讲了这种方法。近十多年来，一些先进国家致力于用人工配制的烟熏制剂涂于制品表面，再渗透到内部来达到烟熏风味的目的，这种人工配制的烟熏液，经过特殊加工提炼，除去了有害物质。

第四章　咸肉加工

第一节　咸肉工艺概述

一、 工艺流程

咸肉指用鲜（冻）肉经腌制加工而成的肉制品。咸肉加工是一种最普通的、腌制最简单的加工方法，也是广大农村地区长期保藏肉类的主要手段。在我国江浙、安徽、上海、四川等地均有生产，较有名的有浙江咸肉（又叫家乡南肉）、如皋咸肉和四川咸肉等，咸肉的加工方法各地大致相似。

咸肉可分为带骨的和不带骨的。根据规格和部位又可分为连片、段头、夹心、中方、小块和咸腿六种。连片是指用猪的半片胴体去头尾、带皮骨和脚爪腌制而成的制品，质量在 13kg 以上；若把连片在第四、五腰椎处斩断，则前面部分带皮骨和前爪，可加工成段头，质量在 9kg 以上，后面部分可加工成咸腿；若把段头在第五、六肋骨之间斩断，横切成前后两块，前面的可加工成夹心咸肉，后面的可加工成中方咸肉；若将连片横断成若干 2kg 左右的长方块，则加工成的咸肉称为小块咸肉。

原料选择与修整→修割整理→腌制→成品。

二、 操作要点

1. 原料选择与修整

原料肉必须经兽医宰前检疫，选用无病健康的猪肉，鲜肉或冻肉都可以作为咸肉原料。若是新鲜肉，必须摊开晾透。在腌制前必须对原料肉进行修整，特别在腌制连片时修整要求甚严，因为宰后胴体易残留许多碎肉、污血、骨屑和淋巴等，腌制前需要除去。宰后检查，应符合国家卫生标准。用于加工咸肉的原料一般是鲜猪肉，辅料仅为食盐。有些地区也用冻猪肉作为咸肉的原料。

2. 修割整理

为了加快食盐的渗透，腌制前用刀在胴体或肉厚的部位划出刀口，俗称开刀门。刀口的大小、深浅和多少取决于腌制时的气温和肌肉的厚薄。

整修时将白条肉轻放于案板上，刮干净毛和泥污，如碰到所谓“夹白”白肉，应修去该部分。割净血槽、碎肉、零碎油脂（即护心油、肚膛及腰肌上的碎油）及油膜，修平翘起的坚硬骨头，剔去第一根肋骨，并除去其骨髓，还要抽去前后腿蹄筋。

大刀咸肉整修时需要开刀门 14～17 刀，即每片肉尸在第一根肋骨部位，或者在前胛横突肌处，亦即是枕骨至第十胸椎开一大刀门，在菱形肌处也就是肩胛骨内侧面，俗称扇子骨处也开一大刀门；槽头带一字刀；夹心背部软片开左右八字刀，再加三划刀。所谓“夹心软片”是指腹腔五花肉部门，开八字刀是指砍八字形刀，划三刀的含义是用锋利的刀在五花肉面上划切 3 刀，深度和宽度比“开刀”要浅而窄直；胸骨开一方袋形刀；肋骨划 2～3 刀；腰肌上各开一槽横刀；后腿部开 5 刀。

大刀门所开之刀称斩或砍，但不能砍破皮，小刀门咸肉需开刀门 8～9 刀。前夹心开一大刀；夹心背部开左右八字刀；胸骨开一方袋形刀；腰肌开一横刀；后腿部开 3～4 刀。开刀时要注意刀门大小、深浅，部位要准确适当，无夹刀。刀门与刀门之间不能相连，也不能开破皮面。还有一种刀门称暗刀门，在表面上乍看仿佛没有刀门，实际上刀门小、狭，但较深。盐渍时将盐以竹签塞进刀门内，外表上仿佛没有什么盐，但用盐量不少于明刀门。除了上述有刀门的咸肉外，还有无刀门咸肉。是否需要开刀门要根据季节和气温高低以及肉尸大小、厚薄情况而定。一般 10 月中旬至 11 月中旬开大刀门，11 月中旬至 12 月中旬开小刀门，12 月中旬至 2 月底一般可不开刀门。

3. 腌制

用于加工咸肉的辅料一般仅为腌制所需的食盐，要求食盐白色、结晶大小一致，无肉眼可见的外来杂质（如草屑、虫体、泥块等），无气味。如果用硝盐，可用硝酸钠，注意使用剂量不超过国家规定标准，并要与盐搅拌均匀，以防引起意外情况发生。腌制用盐量如下。

大刀门咸肉：每100kg进缸原料肉用盐16～18kg。第一次用盐（刀门盐）量占8%～8.5%；第二次用盐（收缸盐）量占4%～4.5%，经第一次用盐后一天进行；第三次用盐（复盐）量占2.5%～3%，经第二次用盐后1～2d进行；第四次用盐（翻缸盐）量占1.5%～2%，经第三次用盐后2～3d进行。

小刀门咸肉：每100kg进缸原料肉用盐14～16kg。第一次用盐（刀门盐）量占7%～7.5%；第二次用盐（收缸盐）量占4.5%～5%，经第一次用盐后一天进行；第三次用盐（复盐）量占3.5%～4%，经第二次用盐后3～5d进行；第四次用盐（翻缸盐）量占2%～2.5%，经第三次用盐后5～7d进行。

腌制时要特别注意上盐操作，将整理后的肉尸，一手抓前肌一手抓夹窝部，切勿用钩，使其肉面向上，皮面向下，轻轻放在盐箩或盐板上，准备上盐。这次上盐称第一次用盐，用的是小盐。因以刀门为主用盐，故又称刀门盐。

用盐塞进刀门，每一刀门用的盐不宜过多、过厚，然后用盐抹撒全部肉尸的肉面，再将肉尸翻至皮面，以手用盐擦皮面，切忌用草鞋或其他物件去擦。擦好后将肉尸再次翻转至肉面，并在肉面厚处稍撒一些盐。

用盐后，一手握住肉尸颈部肉，一手抓腹部，俗称肚裆肉，平拿、轻放，在肉床上逐片地使前部较低、后部稍高、肉面向上的堆叠，肉片不得随意上、下拖移。

用盐量不同地区有极显著的差异，可根据不同实际情况适当调节。在冬天，如气候正常，而原料肉数量过多，估计第二天不可能及时上大盐，此时可以多上一些盐。

第二次上盐又称上大盐，是在第一次上盐的次日进行的。先将第一次用过盐的肉一片一片地轻轻刮去面上沥下的盐卤。将肉尸放在盐箩或盐板上，并用盐送进刀门，如用手塞不进去盐，可用竹签送塞。将肉翻转，用盐擦皮面，抹脚爪、脚缝及皱皮深处，抓（或握）起劲部肉抹盐翻转肉片，肉面上按肉尸大小、厚薄撒盐。

第三次用盐又称复盐，根据刀门的不同而决定第二次翻堆的时间。加盐时沥去肉卤，平拿肉尸轻放在盐箩内或盐板上，手伸进刀门，抹去陈盐，塞进新盐，并抹平肉面上的陈盐，添上新盐。

上盐时，前夹心肉面上加盐应稍厚于其他部位。上盐时对排骨的要求是需要粘住盐，排骨的阴面，即胸的皮面也须用手抹盐，还应抹其四周，然后平整堆叠。

第四次用盐，统称翻缸盐，用盐量大，用盐时注意前夹心、刀门、排骨、颈项等部位不可缺盐。

在浙江省，咸肉三次用盐后 7d 左右，即告成熟，俗称嫩咸肉。若继续用盐，白肉成老咸肉，一般需 27～30d，全部用盐量每 100kg 需 15～18kg，基本与江苏大刀门咸肉相同。

上述规定用盐量及翻堆次数，一般是指立冬至立春期间，气候条件良好的情况，腌制时应切实掌握气候变化，灵活掌握用盐量。如气候转热或打雷时，应立即翻堆，摊开散热，凉透后再行加盐，以保证优等的产品质量。成品咸肉在未出厂前应经常注意翻堆用盐，并应做好及时下缸灌卤工作。大刀门咸肉腌制 7～9d 为成品；小刀门咸肉腌制 10～16d 为成品；无刀门咸肉腌制 16～20d 为成品。

4. 咸肉成品规格

咸肉的规格是按所选猪肉部位和形状划分的，有连片、断片、成腿、三大块、小块五种。整只白条猪去头尾与板油，从脊椎中分成两片，称连片；从连片腰椎骨第四、第五根间下刀，以弧形割下后腿，前面的那一块称段片，也称段头，后面的一块称咸腿；将连片直线斩成 2kg 左右的长方形块，称小块咸肉，其中肉断皮连者称连刀小块；从连片第五根肋骨处和第四根腰椎骨处分别直线斩下三大块，前面的称夹心，中间称统肋或中方，后面的称咸腿。

5. 咸肉质量检验

咸肉成品必须连皮，表面整洁无毛，无脓肿；成熟时表面呈乳白色，切面瘦肉呈玫瑰红色，肥肉白色或乳白色；肉质硬实，无臭味、无异味。咸肉的感官检验方法是“看、签、斩”三步法。具体检查时，先从腌肉缸内取出上、中、下三层有代表性的肉，看表面和切面的色泽和组织状态，然后探刺嗅察深度气味。

竹签是检验咸肉气味的专用工具，用毛竹老头或根制成，长约20cm，一端像大拇指那样粗，另一端是尖的，削后用锉刀锉光滑。

插签时将竹签刺入深处，拔出后立即嗅察气味，评定是否有异味。在第二次插签前，擦去签上前一次沾染的气味或另行换签。整片咸肉用5签，其部位如下。

（1）第一签 从后腿肌肉（臀部）插入髋关节及肌肉深处。

（2）第二签 从股内侧透过膝关节后方的肌肉插向膝关节。

（3）第三签 从胸部脊椎骨上方朝下方插入背部肌肉。

（4）第四签 从胸膛肌肉斜向前肘关节后方插入。

（5）第五签 从颈部椎骨上方斜向插入肩关节。

6. 咸肉保管

常用的保管方法是盐卤保藏法或称盐渍浸渍法。此法可节省人力、物力，又能保证产品质量，是简便易行的好方法。如果有条件的话，采用低温保存方法则更为理想。

咸肉保管的工作准备，是将咸肉池、缸洗干净，清除水分，并检查缸、池有无裂缝或破裂之处。对压肉用的石块及竹篾电应洗涤干净，最好在烈日下晒干。

准备工作完成后是制卤，一是用腌制咸肉时所积存的肉卤煎制，每1kg肉卤加食盐6～7kg；二是在没有肉卤的条件下，或者是肉卤不足时，可用清水100kg加食盐30～35kg熬煎。不论用何种方法煎卤，煎时火力要猛，并且要随时用棒不断搅拌，撇去卤表层的浮沫，煎至浮沫消失或甚微。热卤可用容器盛装，待凉透后方可使用。卤的咸度即含盐量达24～25°Bé为合格。

制卤之后是灌卤。将准备灌卤的咸肉逐步检验，平整地逐步下池或下缸。操作时，肉面向上，肉皮向下，在池或缸的最上层，皮面向上，肉面向下，压好石块或撑好竹篾后，再灌入已经凉透的咸卤。需要注意的是，灌的卤为上清卤（液），卤脚切勿倒入，以防日久卤会变质。要经常不断地检查卤质，以澄清而无异味为佳，浑浊而有异味并呈新米酒样的色泽为差，应重新煎熬，方可使用。

下池或下缸的咸肉必须是老咸肉，并且是清洁无泥尘的，否则应在另外的卤中洗刷清爽，然后下池或缸。咸肉存放及灌卤之处，都要防止漏雨受淋或者日晒，不然会影响咸肉的品质。

卤池浸渍咸肉，保管时间不宜过长，在 3 个月内能保持咸肉质量，一般不超过 6 个月。时间过长，肉质过咸，影响商品质量。根据观察对比，大体有下列几种情况：卤水浸压 3 个月的咸肉，质量和下池时相同，口味不变；4～6 个月的，上面几层脂肪稍有哈味，味道稍咸，鲜味也差些；若超过 6 个月，上面几层咸肉不但外层脂肪氧化发黄，而且由于浸卤时间过久，还有苦味。要再延长保管时间，必须进行低温保管。咸肉进入低温库前一定要检验，凡不符合卫生标准或质量的咸肉不宜入库。堆码方法与卤池相同。咸肉入库后应撒些保质盐，库内温度要求在－5～0℃。冷藏咸肉应专门设立仓库，不能与其他商品混放，否则容易损坏冷库和引起变质。

第二节　咸肉工艺与配方

一、浙江咸肉

1. 原料配方

（1）主料：猪肉 50kg。

（2）配料：精盐 7～8kg，硝酸钠 100g。

2. 工艺流程

原料整理→腌制→复盐→第三次上盐→成品。

3. 操作要点

（1）原料整理　加工咸肉的原料肉必须来自健康无病的猪。屠宰时严禁打气、吹气和放血不净（否则腌制后的制品肉质容易发黑和变质）。修去周围的油脂和碎肉，表面应完整和无刀痕。

（2）腌制　先把精盐（最好事先炒一下）与硝酸钠充分混匀，用手均匀地涂擦在肉的内外层，然后将肉放在干净的竹席和木板上。第一次用盐量是1～2kg，目的是使肉中水分和血液被盐渍出来。为了延长咸肉的保存时间，或在气温稍高的春、秋季节腌制时，可加大盐和硝酸钠的用量，但盐量最多不得超过10kg，硝酸钠最多不得超过150g。

（3）复盐　第二天将盐渍出来的血水倒去或用干净的毛巾揩去，并用手用力挤压出肉内剩余的血水。按上述方法继续用盐3～4kg。用盐后把肉堆在池内或缸内，也可继续放在竹席或木板上（但不如在池或缸中的质量好），必须堆叠整齐，一块紧挨一块，一层紧压一层，中间不得凸出和凹入，使每两层肉的中间都存有盐卤。

（4）第三次上盐　第三次复盐是在第二次复盐后的第八天，用盐量2～3kg，方法同上。再经15d即成。本方法是在春秋季节和用大级或中级肉干腌的方法。如果气温在2～3℃的冬季或用小块肉进行腌制，可一次上足盐、硝酸钠，每5天翻垛一次，共腌制20d即成。

（5）成品　成品分三种级别：大级（即大块咸肉），也称连片肉，每块重约17.5kg以上，无头无尾，带皮带骨；中级（即中块咸肉），也称段肉，每块重约10kg，带皮带骨，无头无尾并去后腿；小级（即小块咸肉），每块重约2.5kg，为长条状，带皮无骨。成品外观洁净，瘦肉颜色红润坚实，肥肉红白分明；食之咸度适中，味道鲜美，耐久藏，是我国广大城乡比较普及的一种腌制品。

二、上海咸肉

1. 原料配方

猪肉10kg，精盐1.7kg。

2. 工艺流程

修整→腌制→成品。

3. 操作要点

(1) 修整　去头、去尾、去板油的整片鲜（冻）猪肉，割除伤斑、血污，修净血槽（槽头出血处）、护心油、肚腔内散油、精肉上黏膜、腰肌肉上的散油，割开腿面和胸柱骨，撬去夹心上第一根肋骨和夹心上边的三根鱼鳞骨。开刀门操作时，落刀的部位要看准。通常使用的直刀门视猪身大小和气候冷热的不同，分别对待，一般开 6 刀即可。猪身小的可少开 1～2 刀或刀口开小些，猪身大的可多开 1～2 刀或刀口开大些；气温低时可少开一刀或刀口开小些，气温高时可多开刀或刀口开大些。

第一刀，将捅刀在第一根肋骨前刺进夹心，刀面稍斜，紧靠扇子骨，至蹄膀骨做一直刀，刀度较深（因该处肉最厚）。

第二刀，在第一根肋骨上鱼鳞骨处，内宽外窄，一字形划一横刀，刀口深至扇子骨，宽 13～14cm，刀度最浅。

第三刀，将捅刀在第三根肋骨处点（戳）一刀。

第四刀，耨睛刀在第五根肋骨处点（戳）一刀。

第五刀，捅刀略斜，戳入后腿车尖骨开一直刀，刀口深至肥膘，宽约 3cm，并随手割断肉内筋脉。

第六刀，捅刀略斜，戳入上骱骨，然后刀口深至肥膘，开一直刀，宽 7cm 左右。

开刀门时，也可以不采用第一刀和第二刀用捅刀开刀门的办法，而是用大方头刀在夹心部位斩两个明刀，深度到肥膘，不要斩穿皮面，以免肉内盐汁漏掉。

(2) 腌制　第一次上盐，称初盐。先把肉坯放在案板上，皮面朝上，撒一层薄盐，在皮面用手擦一下，以防止皮面因水分蒸发而发黏。然后将肉身翻转，肉面朝上，用少量的盐在颈项落刀处和脚爪、脚圈、脚缝周围擦一下，每整片肉面上撒一层薄盐，有刀门的地方，必须将盐塞进去，使肉身内残存的血水排出。初盐要做到“匀”“全”“少”。所谓匀。是指盐要撒得均匀，但也要有重点。前夹心、背脊骨、后腿处用盐应稍多些，肋骨用盐要少些，胸腔可以略撒一些盐。刀门的刀口深到哪里，盐就要塞到哪里，但不宜塞得太多、太紧，否则既不易溶化，又造成浪费。所谓全，是指盐要撒得全面。肉身各处，刀门上下内外，都要撒到，以免排血不净，造成变质。所谓少，初盐主要是排除血和水分，故用盐量不宜多，因隔天就要上大盐，应视开的刀门或斩的刀门大小区别对待。堆码时，平搬、轻放，堆放要整齐；前部稍低，后部稍高，肉面朝上，皮面朝下，奶脯处稍微向上，好似袋形，以使盐汁集中在胸腔处。补盐的用盐量，每50kg猪肉为1.5kg左右。

第二次上盐，称大盐，在初盐后隔天进行。每50kg猪肉用盐3kg左右。对央心（猪心附近的部位）、背脊、后腿等肉身较厚的部位及第三、四根肋骨处用盐量要多。靠背脊骨凹进去的肋骨部位要用盐抹到，肋骨上和奶脯处用盐可少些。

第三次上盐，称复盐。一般在上大盐后的第四天进行。复盐一般需要上3回，每回相隔4～6d，用盐量（按50kg白肉计）为第一回用2kg左右，第二回、第三回各用1kg左右。每次复盐时，都要把肉面上的盐汁倒去。

从初盐到成品整个腌制过程中，腌制时间一般为25天，如气温高，肉身小，盐汁渗透快，腌制时间可缩短；反之，就要延长。

三、四川咸肉

1. 原料配方

（1）食盐　如做热水货（温度在15℃以上的气候，为使盐迅速渗入肉层，以防变质而开刀门腌制的咸肉叫热水货）开大刀门，自初腌至腌制成熟每50kg鲜猪肉用盐约10kg，开小刀门用盐约8.5kg。如在冬季腌制咸肉及时出售，每50kg鲜猪肉需用盐7～7.5kg。为了保藏3～4个月而腌制的咸肉，必须腌透，但用盐量最多不超过10kg。

（2）硝酸钠　每50kg鲜猪肉，硝酸钠用量为25g。如在冬季腌咸肉，因气温低（13℃以下），肉质不易腐败，硝酸钠用量可按热水货减少20%，但无论做热水货或在冬天腌咸肉，都是把硝酸钠在初腌时一次性拌在盐内。

2. 工艺流程

原料选择→原料整理→腌制→成品。

3. 操作要点

(1) 原料选择

① 必须使用经过卫生检验合格的鲜猪肉。

② 活猪屠宰时血液必须放净，并且不能打气或吹气。因放血不净或空气进入肉的皮层内，经腌制后肉质易发黑、发酵。

③ 鲜猪肉在腌制前必须摊开晾透，避免腌制后发生异味。

(2) 原料整理

① 把整头鲜猪肉劈成两片，割去头尾，去掉淋巴、血污、碎肉、脂肪和零碎肉等，里脊肉也应去掉。因为淋巴腺、血污既不能食用，又容易腐败。脂肪、零碎肉修不净会影响盐分渗入肉层，以致延长腌制时间。其他碎肉和里脊肉等如不去掉，在腌制搬运过程中，也容易从肉体上掉下，造成浪费，并使成品的外观不洁净。

② 春末秋初时气温较高，在15℃以上腌肉，如不设法促使盐分迅速渗透入肉内，肉质易腐败变质。因此，必须在肉体上开刀口加大盐的覆盖面，使盐分容易渗入肉内，才能保证肉的质量。开刀门的方法如下：每片在颈肉下第一根肋骨中间用刀戳进去，刀口宽度约9cm，深度约6cm，以戳到白膘为度，并把扇骨掀起，前脚下骨节要切断，但皮面要连着。后腿要前、后、中各开一刀，前面的一刀要通过脚膀骨，其余肋骨间划2～3刀，使盐分易渗入。前后脚的蹄筋要抽去，如在15℃以下气温腌肉，不易变质，上述各处刀门都不用开，蹄筋也不必抽。

③ 如整头鲜猪肉先割头、尾后开片和剥板油，则割头时不要使喉下肉留在猪头上，以增加咸肉成品率。开片时必须把头骨和脊椎骨劈匀，不能偏左、偏右或劈碎，否则成品不整齐，蝇蛆也易在碎骨缝间生长。开片后要将脊椎骨中的骨髓去掉，因为骨髓最易发臭，影响咸肉品质。

(3) 腌制

① 原料修整好后给每片肉上盐，上盐必须将手从刀门伸进肉

里，刀门内肉缝间要全部擦到盐才能保证品质，如仅将盐擦足在刀门口，肉里没有擦到盐，肉就要变质发臭。前夹后腿部分和脊椎骨上面因肉厚骨多，不易腌透，必须多用盐。肋条肉薄可少用盐，胸膛中因盐卤可以自行流入不需用盐，同时四只脚胯（脚踝附近）上都必须用盐擦匀。此外，天热时肉皮外面要全部用盐擦到，天凉时肉皮外不需擦盐。加盐多少要根据肉身大小、气温高低及操作人员技术的高低来决定，一般第一次上盐用量为每 50kg 鲜肉 1.5～2kg。

② 第一次上盐后即将肉摊放在篾席或木板上，可使肉中血水排出，制成的咸肉颜色较白，品质优良。摊肉时皮面朝下，肉面朝上，一片一片地排成梯形，要使肉的前身较高，一层压一层，只能压上 4～5 层。奶脯处稍向上堆成袋形，以使盐卤集中到肋条处。

③ 摊放第二天即将肉第二次上盐，一般用盐量为 3.5～4kg。用盐后仍需把肉一片一片堆放，肉少可用 8 片打底，肉多可用 12 片或 20 片打底，不受限制，视场地大小而定，场地大可堆低一点，场地小可堆高一点，一般高度 24～36 层。主要堆法是要把每片肉一排压一排，一层压一层，面积要堆得平整，正中间堆得既不能凸出来，又不能过于凹下去，使卤不易流出，必须做到每片肉胸膛中间都要有盐卤。上堆时要仔细，不能把前夹后腿及脊椎骨上的盐脱掉，否则，必须及时补盐，以防变质。如天气爆冷、爆热时，必须翻堆加盐，因为肉堆内外温度不均匀，如不翻堆，在爆冷时虽然肉堆外面温度低不脱盐，但肉堆里面温度高易脱盐。在爆热时肉堆外面温度高容易脱盐，肉堆里面温度低脱盐较迟。因此，在以上这些气候不正常情况下，必须及时翻堆，一方面调剂内外温度均匀，使成品咸淡一致，另一方面不使脱盐受热，避免成品有酸味和臭味等变质现象。

四、熟咸牛肉

1. 原料配方

牛腿肉 1000kg、腌制液 1660L（食盐 167kg、亚硝酸钠

2.2kg、硝酸钠 2.2kg、磷酸盐 48kg、异抗坏血酸钠 5kg、蔗糖 30kg、其余为水）。

2. 工艺流程

原料肉修整→腌制→去骨→熟化→蒸煮→冷却→包装。

3. 操作要点

（1）原料肉修整　优质的产品需要上等质量的牛腿肉，上等牛腿肉的平均质量在 30kg 左右。修整过程中保留主要的动脉和静脉用于腌制液注入。

（2）腌制　可根据需要向腌制液中加入异抗坏血酸钠。如需获得咸味重的产品，可适当加盐或调节盐水浓度。也可根据需要向腌制液中加入乳化调料和大蒜汁。用盐水注射机把腌制液注射到牛肉中，注入量占牛腿肉重量的 10%，之后转移至0～4℃的腌制间过夜。同时向腌制容器中加入适量的腌制液，无需水封。

（3）去骨　取出腌制间里的牛腿肉，去除表面脂肪和皮。剔去掌骨、髋骨和大腿骨（避免损伤大腿骨周围的肉）。去除小腿和关节，剔除肌块间脂肪、结缔组织，将肉平均分为四部分。

（4）熟化　将切分好的牛腿肉浸泡于腌制液中，然后转移至 0～4℃的腌制间腌制 4～5 天形成风味。

（5）蒸煮　取出腌制液中的牛腿肉，用热水慢慢冲洗，然后晾干。之后将牛肉紧紧地压入长方形火腿模具里，模具放入循环流动水的锅中，水温保持在 85℃，直到肉的中心温度达到 75℃（每 450g 肉需 50min 左右）。

（6）冷却、包装　排出锅中的热水，灌入冷水，冷却 2h，之后移出模具重新压紧，再将模具转移至 0～4℃的冷却室里。冷却结束后将牛腿肉移出模具，浸泡于明胶溶液里，然后装入玻璃纸盒中。在整个流通和销售过程中都要保持 0～4℃的低温环境。

五、熟咸牛舌罐头

1. 原料配方

（1）牛舌 1000kg、腌制液 415L（食盐 50kg、硝酸钠 0.8kg、

亚硝酸钠 0.8kg、其余为水)。

(2) 琼脂溶液配方　琼脂 5%，沸水 95%。

2. 工艺流程

原料肉修整→腌制→腌制后处理→包装→容器加工。

3. 操作要点

(1) 原料肉修整　屠宰场的牛舌要充分清洗以除去牛舌上的黏液。将牛舌放入水槽中，引入冷水。直到冷水清澈透明时停止冲洗。

(2) 腌制　向牛舌上的两个动脉注入腌制液，注入量占牛舌本身重量的 5%。然后将牛舌装入桶中，用相同的腌制液水封，在 0～4℃的腌制间里腌制 5d，第五天时检查牛舌位置，确保使其水封，再腌制 2～3d，腌制过程总时间为 8d。

(3) 腌制后处理　取出腌制液里的牛舌清洗干净。放在煮锅里加热直到牛舌变软。之后取出煮锅中的牛舌，趁热去咽喉软骨，修整牛舌，然后压入适当体积的金属罐或玻璃罐中。操作要迅速，装罐时牛舌要有较高温度，因为牛舌冷却后会失去弹性，从而使牛舌体积与容器不匹配。

(4) 包装　将 5%的琼脂加到 95%的沸水中制成琼脂溶液。罐装过程中，琼脂要一直加热，使其处于溶解状态。然后将少量琼脂溶液倒入罐底部，再装入牛舌，向下压，然后添加琼脂溶液充满容器，真空密封。

(5) 加热杀菌　1.4L 的罐需在 110℃条件下加热 2.5h，然后在 0.45MPa 的压力下冷却 30min，最后在大气压条件下冷却；玻璃容器需在压力锅中进行，锅中水的压力应保持在 0.45MPa 和推荐压力之间的范围。可采用如下加工时间和温度：容器尺寸 354.8mL，115℃条件下杀菌 1.5h；容器尺寸 473.1mL，115℃条件下杀菌 1.5h；容器尺寸 650.5mL，115℃条件下杀菌 2h；最后在 0.45MPa 压力下冷却。

第五章　腊肉加工

第一节　腊肉工艺概述

一、工艺流程

腊肉指我国南方冬季（腊月）长期贮藏的腌肉制品，也是我国古老腌腊制品之一，是指用较少的食盐配以其他风味辅料腌制后，再经干燥（日晒、烘烤或熏制）等工艺制成的具有特殊风味的肉制品。由于各地消费习惯不同，腊肉产品的品种和风味也各具特色。腊肉种类很多，以猪鲜肉为原料的比较著名的腊肉有广东、四川、湖南等地的产品，按原料不同有腊猪肉、腊牛肉、腊羊肉等。加工方法大致相同，但从原料选择和加工方法看以广东腊肉最为精细。广东腊肉亦称广式腊肉，其特点为肉质细嫩、色泽金黄、味鲜甜美、刀工整齐、无骨带皮。另外还有以牛、羊肉为原料的腊羊肉、腊牛肉。一般腊肉都是去骨带皮的，也有带骨的或不带皮的。

工艺流程大致如下：原料选择→剔骨、切肉条→配料→腌制→烘烤→包装。

二、操作要点

（1）原料选择　最好采用皮薄肉嫩、肥膘在 1.5cm 以上的新鲜猪肋条肉为原料，也可选用冰冻肉或其他部位的肉。根据品种不同和腌制时间长短，猪肉修割大小也不同，广式腊肉切成长 38～50cm、每条重 180～200g 的薄肉条；四川腊肉则切成每块长 27～36cm、宽 33～50cm 的腊肉块。家庭制作的腊肉肉条，大都超过上述标准，而且多是带骨的，肉条切好后，用尖刀在肉条上端 3～

4cm 处穿一小孔，便于腌制后穿绳吊挂。

（2）配制调料　不同品种所用的配料不同，同一种品种在不同季节生产配料也有所不同。消费者可根据自己喜好的口味进行配料选择。

（3）腌制　一般采用干腌法、湿腌法和混合腌制法。

① 干腌　取肉条和混合均匀的配料在案上擦抹或将肉条放在盛配料的盆内搓揉均可。搓擦要求均匀擦遍，对肉条皮面适当多擦。擦好后按皮面向下、肉面向上的顺序，一层层放叠在腌制缸内，最上一层肉面向下，皮面向上。剩余的配料可撒布在肉条的上层，腌制中期应翻缸一次，即把缸内的肉条从上到下依次转到另一个缸内。翻缸后再继续进行腌制。

② 湿腌　湿腌是腌制去骨腊肉常用的方法，取切好的肉条逐条放入配制好的腌制液中，湿腌时应使肉条完全浸泡在腌制液中，腌制时间为 15～18h，中间翻缸两次。

③ 混合腌制　即干腌后的肉条，再在腌制液中浸泡进行湿腌，使腌制时间缩短，肉条腌制更加均匀。混合腌制时食盐用量不得超过 6%，使用陈的腌制液时，应先清除杂质，并在 80℃温度下煮 30min，过滤后冷却备用。腌制时间视腌制方法、肉条大小、室温等因素而有所不同，腌制时间最短腌 3～4h 即可，腌制周期长的也可达 7d 左右，以腌好腌透为标准。腌制腊肉无论采用哪种方法，都应充分搓擦，仔细翻缸，腌制时温度保持在 0～10℃。

有的腊肉品种，像带骨腊肉，腌制完成后还要洗肉坯，目的是使肉坯内外盐度尽量均匀，防止在制品表面产生白斑（盐霜）和一些有碍美观的色泽。洗肉坯时用铁钩把肉坯吊起，或穿上线绳后，在装有清洁的冷水中摆荡漂洗。

肉坯经过洗涤后，表层附有水滴，在烘烤、熏烤前需把水晾干，可将漂洗干净的肉坯连钩或绳挂在晾肉间的晾架上。没有专设晾肉间的可挂在空气流通而清洁的地方晾干。晾干的时间应视温度和空气流通情况适当掌握，温度高、空气流通，晾干时间可短一些，反之则长一些。有的地方制作的腊肉不进行漂洗，它的晾干时间根据用盐量来决定，一般为带骨腊肉不超过0.5d，去骨腊肉在1d以上。

（4）风干、烘烤或熏烤　在冬季，家庭自制的腊肉常放在通风阴凉处自然风干。工业化生产腊肉常年均可进行，就需进行烘烤，使肉坯水分快速脱去而又不使腊肉变质发酸。腊肉因肥膘肉较多，烘烤时温度一般控制在45～55℃，烘烤时间因肉条大小而异，一般24～72h不等。烘烤过程中温度不能过高以免烤焦、肥膘变黄；也不能太低，以免水分蒸发不足，使腊肉发酸。烤房内的温度要求恒定，不能忽高忽低，影响产品质量。经过一定时间烘烤，表面干燥并有出油现象，即可出烤房。

烘烤后的肉条，送入干燥通风的晾挂室中晾挂冷却，等肉温降到室温即可。如果遇雨天应关闭门窗，以免受潮。熏烤是腊肉加工的最后一道工序，有的品种不经过熏烤也可食用。烘烤的同时可以进行熏烤，也可以先烘干完成烘烤工序后再进行熏制，采用哪一种方式可根据生产厂家的实际情况而定。

家庭熏制自制腊肉更简捷，把腊肉挂在距灶台1.5m的木杆上（农村做饭菜用的柴火灶），利用烹调时的熏烟熏制。这种方法烟淡、温度低且常间歇，所以熏制缓慢，通常要熏15～20d。

（5）包装　传统上腊肉一般用防潮纸包装，现多采用真空包装，250g、500g不同规格包装较多，腊肉烘烤或熏烤后待肉温降至室温即可包装。真空包装腊肉保质期可达6个月以上。

（6）成品　烘烤后的肉坯悬挂在空气流通处，散尽热气后即为成品。成品率为70%左右。

第二节　畜类腊肉加工

一、广东腊肉

广东腊肉以其品种多样，色、香、味、形俱佳而驰名国内外。其主要品种有腊花肉、腊关刀肉、腊瘦肉、腊晾肉、腊乳猪、腊脯条、腊猪舌、腊肥肉、腊猪嘴等。

广东腊肉的特点是：香味浓郁、色泽美观、肉质细嫩并具有脆性、肥瘦适中、无骨，不论任何烹调和做馅，都很适宜。每条重150g左右，长33～35cm，宽3～4cm。所有腌制广东腊肉的原料取自健康猪肉，不带奶脯的肋条肉，修刮去皮上的残毛及污物。

1. 原料配方

以每100kg去骨猪肋条肉为标准：白糖3.7kg，硝酸盐125g，精制食盐1.9kg，大曲酒（酒精度60%）1.6kg，白酱油6.3kg，麻油1.5kg。

2. 工艺流程

剔骨、切肉条→洗肉→腌渍→烘烤→包装→成品。

3. 操作要点

(1) 剔骨、切肉条　将适于加工腊肉的猪肉腰部肉，剔去全部肋条骨、椎骨和软骨，修割整齐后，切成长35～50cm（根据猪身大小灵活掌握）、每条重180～200g的薄肉条，并在肉的上端用尖刀穿一个小孔，系上15cm长的麻绳，以便于悬挂。

(2) 洗肉条　把切成条状的肋肉浸泡到约30℃的清洁水中，漂洗1～2min，以除去肉条表面的浮油，然后取出滴干水分。

(3) 腌渍　按上述配料标准先把白糖、硝酸盐、精盐倒入容器中，然后再加大曲酒、白酱油、麻油，使固体腌料和液体调料充分混合拌匀，并完全溶化后，把切好的肉条放进腌肉缸（或盆）中，随即翻动，使每根肉条都与腌液接触，这样腌渍约8h，配料完全被肉条吸收，取出挂在竹竿上，等待烘烤。

(4) 烘烤　烘房系三层式，肉在进入烘烤前，先在烘房内放火盆，使烘房内的温度上升到50℃，这时用炭把火压住，然后把腌渍好的肉条悬挂在烘房的横竿上。肉条挂完后，再将火盆中压火的炭拨开，使其燃烧，进行烘制。

烘制时底层温度在80℃左右，不宜太高，以免烤焦。但温度也不能太低，以免水分蒸发不足。烘房内的温度要求恒定，不可忽高忽低，影响产品质量，烘房内同层各部位温度要求均匀。如果是连续烘制，则下层的是当天进烘房的，中层系前一天进烘房的，上层则是前两天腌制的，也就是烘房内悬挂的肉条每 24h 往上升高一层，最上层经 72h 烘烤，表皮干燥，并有出油现象，即可出烘房。

烘制后的肉条，送入干燥通风的晾挂室中晾挂冷凉，等肉温降到室温时即可。如果遇到雨天，应将门窗紧闭，以免吸潮。

（5）包装　冷凉后的肉条即为腊肉成品，腊肉则用防潮蜡纸包装，这是由于腊肉极易吸湿。

用竹筐或麻板纸箱盛装，箱底应用竹叶垫底，应尽量避免在阴雨天包纸装箱，以保证产品质量。腊肉的最好生产季节为农历每年 11 月至第二年 2 月间，气温在 5℃以下最为适宜，如高于这个温度不能保证质量。

（6）成品　广式腊肉回味悠长，味觉丰润，是过年过节十分畅销的肉类佳品。炒菜、蒸煮、做馅均很适宜。

二、 广式腊猪舌

1. 原料配方

猪舌 50kg，白糖 4kg，精盐 1～2kg，酱油 1kg，硝酸钠 25g。

2. 工艺流程

原料选择与修整→腌制→烘焙→成品。

3. 操作要点

（1）原料选择与修整　选用洁净的猪舌（鲜、冻均可），把喉管、淋巴除去，在舌底开一刀，撕开，修成桃状。

（2）腌制　将调好的辅料放入猪舌中，搅拌均匀腌 3～4d，把猪舌捞起，沥干后在猪舌上面戳一个洞，穿上细麻绳，挂在竹竿上，送烘房烘焙。

（3）烘焙　烘房温度控制在 50℃左右，烘焙 1～1.5d，在烘焙过程中需翻动猪舌，使其受热均匀。烘干后即为成品，成品率在 50%左右。

还有一种烘焙方法，先把猪舌逐块放在竹筛上，放满为止，即送烘房，烘焙 4h 左右，待猪舌定型后从烘房里拿出来，穿上细麻绳挂在竹筛上，再次送烘房烘焙。

(4) 成品　腊猪舌呈长条形，色暗红，味甘香。

三、 广州腊排骨

1. 原料配方

猪排骨 10kg，一级生抽 500g，白糖 380g，精盐 250g，猪油 180g，白酒 120g。

2. 工艺流程

选料→修整→腌制→暴晒、烘制→成品。

3. 操作要点

(1) 选料　选用符合卫生检验要求的新鲜猪的厚肉排骨，作为加工的原料。

(2) 修整　选好的猪排骨用刀按斜方格划割，以便吸收辅料。

(3) 腌制　整理好的排骨加全部辅料（猪油除外）混配均匀，经充分搅拌，再放置腌制 8h，使其入味，然后加入猪油拌匀，使其色泽鲜艳。

(4) 暴晒、烘制　腌好的排骨用小麻绳穿起，挂在阳光下暴晒，晚上送入烘炉里进行烘制，如此反复晒、烘，经过 4d，即为成品。

(5) 成品　腊排骨全年均可制作，以秋冬为佳，腊排骨因有骨，不宜久存，一般以 1～2 周内食用为宜，味美爽口，甘香不腻，别有风味。

四、 广州腊猪腰

1. 原料配方

猪腰 100kg，生抽酱油 5kg，白糖 3.8kg，食盐 2.5kg，黄酒 1.3kg，硝酸钠 50g。

2. 工艺流程

原料修整→腌制→烘烤→成品。

3. 操作要点

(1) 修整原料　先把经卫生检验合格的鲜猪腰上的脂肪割净，

并把腰面的一层油脂薄膜剥除，用刀从一端侧面切入，但不全部切开，使腰肉成链条形，洗净血污、油脂即为腰坯。

(2) 腌制　将配料均匀撒布于猪腰坯上，腌制 18h，其间翻动一次使之充分腌透。

(3) 烘烤　猪腰坯腌透后，用麻绳两个一串地穿连起来，穿在竹竿上送入烘炉大火烘烤 16h 即为成品。

(4) 成品　其产品红褐色，有腊香味。

五、 广州腊碎肉

1. 原料配方

碎猪肉 10kg，精盐 280g，白酒 100g，一级生抽 500g，白糖 380g，硝酸钠 15g，猪油 180g。

2. 工艺流程

选料→修整→腌制→烘烤→成品。

3. 操作要点

(1) 选料　选用符合卫生检验要求的制“腊肉”、“腊肠”割剩下来的边角料，作为加工的原料。

(2) 修整　选好的肉料切成条状。

(3) 腌制　猪肉条加精盐、白酒、一级生抽、白糖、硝酸钠拌匀，再腌制 4～5h，使之充分吸收辅料，再加猪油搅拌均匀，使其色泽鲜明。

(4) 烘烤　腌好的肉条用小麻绳穿起，挂在阳光下暴晒，至晚收回，再放入烘炉中进行烘烤，翌日再于日光下暴晒，如此经过 4d，即为成品。

六、 广味腊兔肉

1. 原料配方

(1) 配方一　兔肉 10kg，白糖 500g，粗盐 400g，生抽 400g，酒 200g，硝酸钠 5g。

(2) 配方二　兔肉 10kg，糖 400g，食盐 500g，酱油 300g，酒

200～220g，硝酸钠5g。

2. 工艺流程

选料→腌制→复腌→晾晒→成品。

3. 操作要点

(1) 选料　选用肥大肉厚的大兔，宰洗干净，除去内脏，从腹部剖开，取出脊骨、胸骨、手脚骨。然后平铺于案上，使其成为平面块状，再用小竹竿撑开，以防接叠。

(2) 腌制　先用粗盐和硝酸钠将大兔全身擦遍，经腌制一夜后，再用清水洗净，以减轻盐碱度。

(3) 复腌　腌制好的大兔清洗晾干水分后，再用余下调味料与兔肉一起搅拌均匀，腌制40～50min。

(4) 晾晒　复腌好的兔肉放在竹筛中，置于阳光下暴晒，连续日晒6d后，即可制成成品。

七、广州腊野兔

1. 原料配方

野兔25kg，白糖1.5kg，精盐1kg，酒0.5kg，酱油0.25kg，硝酸钠5g。

2. 工艺流程

原料整理→腌制→烘制→成品。

3. 操作要点

(1) 原料整理　将野兔剥皮并除去内脏。先用刀从野兔后肢肘关节处平行挑开，然后剥皮到尾根部，再用手紧握兔皮的腹部处用力向下拽至前腿处剥下。此时应注意防止拽破腿肌和撕裂胸腹肌。割去四肢的肘关节以下部分，剔去脊、胸骨及腿脚骨。用两根交叉成十字的小竹撑开胸腔，使之成为扁平状。

(2) 腌制　将经过整理的野兔放入以上混匀之配料内，用手将配料均匀地涂擦于野兔的表面和内腔里，背面朝下，胸面向上，一层压一层平铺于缸内，腌制50min，中间翻缸一次。

(3) 烘制　取出后每天白天可挂在太阳下暴晒，晚上放入烘房肉（50℃）进行烘制，连续3d，待制品表面略干硬并呈赭色时即成。

（4）成品　腊野兔多在秋冬季节制作。成品为原只野兔，无皮、无内脏、无大骨，表面干硬，呈赭色。食之味甜甘香，有滋阴补肾之功效，一般多作滋补品用。

八、川式腊肉

（一）方法一

1. 原料配方

带皮猪肉10kg，白酒16g，精盐700～800g，五香粉16g，白糖100g，硝酸钠5g。

2. 工艺流程

选料→腌制→清洗→晾晒→成品。

3. 操作要点

（1）选料　选用前夹（主要是前腿）、后腿、保肋三线（五花肉的一部分）等部位的鲜肉，剔去骨头，整修成形，再切成长35cm、宽约6cm的肉条。

（2）腌制　将精盐、白酒、白糖、五香粉、硝酸钠混匀，再均匀搓抹在肉块上，肉面向上，皮向下，平放在瓷盆中，腌制3～4d，翻倒一次，再腌3～4d。

（3）清洗　腌好的肉条用温水洗刷干净，穿绳，挂在通风处，晾干水分。

（4）晾晒　将晾干水分的猪肉条挂在日光下暴晒，至肥肉色泽金黄，瘦肉酱红为止，再挂在干燥、阴凉处贮存。

（二）方法二

1. 工艺流程

选料→腌制→烘焙→成品。

2. 操作要点

（1）选料　选择膘肥肉满、体质健壮的整片带皮去骨的鲜猪肉为原料。辅料主要包括食盐、白糖、大曲酒、硝酸钠和混合香辛料

（花椒、桂皮、八角、草果、甘草等）。

（2）腌制　把选择好的猪肉切成块状或条状，把调匀的配料涂在肉块上，然后把肉块皮面朝下，肉面向上（最后一层皮面向上），整齐平放在腌缸或腌肉池内，并把剩余配料全部撒在缸面上，进行腌制。经过3～4d后翻缸一次。翻缸后再腌3～4d，待配料全部渗入肉内即可出缸。出缸后用温水洗净肉上的白霜和杂质，然后用麻绳逐块拴在竹竿上，挂于通风处，晾干后，即可送入烘房。

（3）烘焙　全部烘焙需要40～48h。当肉块进入烘房后，温度掌握在40℃左右，4～5h后，逐渐升温，但最高不要超过55℃，以免烤焦流油，影响质量。烘焙中见到肉皮略带黄色，即须翻竿，使受热均匀一致。待肉皮干硬，瘦肉呈鲜红色，肥肉透明或呈乳白色时，说明已达到成品标准。在烘焙过程中需要视肉色而随时调节火候，以保证产品的质量。成品出烘房后不要堆叠，应将其晾挂在通风阴凉处，待肉内热散尽后，再放进竹篓或木箱内。

九、川式腊猪舌

1. 原料配方

每100kg整理后的鲜猪舌用食盐6～7kg，花椒粉150～200g，白糖1～1.5kg，八角150g，桂皮50g，亚硝酸50g，白酒1kg。

2. 工艺流程

整理→腌制→挂晾→烘烤→成品。

3. 操作要点

（1）整理　将鲜舌除去筋膜、淋巴，放入80℃的热水中汆过，再刮尽舌面白苔。

（2）腌制　靠舌根深部用刀划一直口（以便浸透），成条状，将辅料拌匀，一次涂抹（均匀）在舌身上，然后入缸腌制1.5d（或3d）后翻缸，再腌制1.5d（或3d），待盐料汁液渗入舌体内部即可出缸。

（3）挂晾　将出缸猪舌用清水漂洗干净，去净白霜杂质，用麻绳穿舌喉一端，挂晾在竹竿上，待水汽略干后，送烤房烘烤。

(4) 烘烤　将晾干水汽之猪舌连竿送入烘房内，室温掌握在50℃上下，经3～4h逐步升温，但不超过70℃，否则舌尖会出现焦煳，影响质量。最后室温下降，保持在50℃左右，全部烘烤时间为30～35h，视舌身干硬，即可出炕，冷透后包装。

(5) 成品　色泽鲜美，腊香纯正，造型独特，味厚肉嫩，是理想的冷盘下酒珍品。质量规格身干质净，咸度适中，无烟熏味，无异臭味，指压无明显凹痕，有自然的腊香。成品率55%左右。用竹篓或木箱盛放包装好的腊猪舌，放在干燥通风的库房内，可保质一个月。

十、 川式金银舌

1. 原料配方

(1) 每100kg舌坯用辅料　食盐6kg，白糖1.5kg，花椒200g，糖色200g，八角粉150g，桂皮粉50g，生姜末0.1kg，硝酸钠50g，白酒0.5kg (糖8kg)。

(2) 每100kg肥膘用辅料　食盐7～8kg，无色豆油2kg，白糖1.5kg，白酒1kg，生姜、大葱汁 (捣烂浸水) 各1kg。

2. 工艺流程

整理→腌制→整形→烘烤→成品。

3. 操作要点

(1) 整理　先将猪舌整理，刮去舌苔，漂洗干净。

(2) 腌制　拌匀配料，在缸内腌制12h，半天翻一次缸，使其充分吸收配料后，出缸漂洗一次，晾去水汽。与此同时，将硬性肥膘 (肚腹不要，脊背最好) 切成16.7cm见方的块状，先用盐、糖入缸腌3～4d起缸。再切成13.3～16.7cm长、16.7cm宽的锥形肥肉块，淘洗晾干，再加入白膘和其余辅料混合腌制36～40h，取出用清水洗净，晾干备用。

(3) 整形　用尖刀 (柳叶形) 在舌根部中心刺口直插舌尖部，不能刺破刺穿，再将备用之肥膘装入舌内嵌到尖部 (一般常借助于铁皮套筒)。然后用麻绳穿在舌根部，封创口，不露白色 (膘馅)。

上竿晾去水汽。

(4) 烘烤　在室内温度60℃左右烘烤24～30d，视其干硬，即可出炕，冷透即可包装。

(5) 成品　产品特色舌身丰满，干爽实在，不带舌根，食之香鲜肥润，瘦不塞牙，肥不腻口。质量规格剔除舌根，封口不漏白膘，舌身绛紫泛红，舌心洁白如玉，状如玉嵌琥珀。成品率60%～65%。保管方法用防潮蜡纸包装，置于通风干燥房内。食用方法蒸或煮熟切片。

十一、川味腊兔

1. 原料配方

每100kg兔肉用食盐5～6kg，花椒0.2kg，硝酸钠50g。

2. 工艺流程

选料→屠宰→腌制→整形→挂晾、成品。

3. 操作要点

(1) 选料　选符合卫生标准的2kg以上活兔，要求膘肥肉满，越大越嫩越好。

(2) 屠宰　宰兔剥皮、大开膛，掏尽内脏，去脚爪，用竹片撑开成平板状。

(3) 腌制　盐渍，将配料混匀，涂擦胴体内外（也可用冷开水7.5kg溶解配料湿腌），入缸叠放腌3d，每天上下翻缸一次。

(4) 整形　最后整形，出缸后将胴体放在案板上，面部朝下，将前腿扭转至背上，用手将背、腿按平（广州撑开成板形）。

(5) 挂晾、成品　挂晾风干，亦可烘烤，即为成品。成品率在50%左右。悬挂于通风干燥之库房内，可存放3个月不变质。

十二、上海腊猪头

1. 原料配方

净猪头肉100kg，精盐6kg，60度大曲酒1.2kg，酱油3kg，红曲米1kg，白糖3.8kg，硝酸钠50g。

2. 工艺流程

猪头拆骨→腌制→烘烤→成品。

3. 操作要点

(1) 猪头拆骨

① 将卫生检验合格的新鲜猪头从嘴角到耳朵间先用刀划一条深约 2cm 的痕，再用砍刀劈开，分为上下面，上面为马面，下面为下颌（连猪舌）。

② 将猪头脑顶骨敲开，取出猪脑，挖出眼睛，再把马面上骨头全部去净。

③ 马面上的残毛用刀刮净再用清水洗净。

④ 在下颌上先把猪舌割下，再把所有骨头全部剔净。

⑤ 割下猪舌时必须把喉管上的污物全部去净，再用刀把舌苔皮刮净，最后用清水洗净。

⑥ 原条猪舌较厚，可用刀从侧面斜剖，使猪舌外形扩大。

猪头经拆骨后分为马面、下颌、舌头三部分。

(2) 腌制

① 经拆骨后的净猪头肉先用精盐和硝酸钠腌制 18h 后用开水洗净，晾干。

② 将除精盐及硝酸钠外的调味辅料放在容器内，用力拌匀后将晾干的净猪头肉放入浸腌 2h。

③ 捞出腌好的猪头肉，把马面、下颌、舌头各自分开，平放在竹筛上。

(3) 烘烤

① 烘烤间的两旁置有铁架，地上置有燃青炭的火盆，把马面、下颌、舌头的竹筛按次序平放在铁架上进行烘烤。

② 竹筛上的马面、下颌、舌头送入烘房经炭火烘制时应经常翻动，上下面互相翻转，使其各部烘烤均匀，经 24h 烘制后，必须依次移到较高架上继续火烘。至水分烘干后，用麻绳将马面、下颌、舌头各自穿起。

③ 把穿上绳后的马面、下颌、舌头依次挂到竹竿上，再把竹

竿送入烘房继续烘制4～5d，待水分全部烘烤净，即为腊猪头成品。如遇天晴可利用日晒夜烘的办法。

④ 腊猪头成品应包括马面、下颌、舌头三个部分，因此在出口装箱前必须把马面、下颌、舌头三件连在一起，再进行装箱。

（4）成品　腊猪头色泽红润，美观，味香，鲜美可口。每只腊猪头共有马面、下颌、舌头三件，用麻绳连串在一起。成品率为37%～39%。

十三、上海腊猪心

1. 原料配方

（1）配方一　精盐3kg，酱油8kg，白砂糖8kg，60度曲酒3kg，酱色3kg，姜汁少许。

（2）配方二　猪心5kg，精盐90g，酱油220g，砂糖220g，大曲酒90g，酱油90g，姜汁2g。

2. 工艺流程

选料→腌制→晾晒→成品。

3. 操作要点

（1）选料　选用新鲜猪心，用刀割掉猪心血管，再用刀将猪心剖开，取出淤血，然后用冷水洗净。用刀按猪心纹路割成数薄片，使猪心外形扩大而成扇形。

（2）腌制　将猪心与盐、砂糖、大曲酒等调味料拌匀，放入瓷盆中，腌浸6h。

（3）晾晒　将腌好的猪心平放在竹筛上，置于阳光下暴晒6d，即为成品。

（4）成品　上海腊猪心，呈串珠状，表面干硬，色泽黝黑，既可蒸食，又可制肴。

十四、湖南腊猪肚

1. 原料配方

猪肚5kg，精盐350g，硝酸钠1.5g。

2. 工艺流程

选料→修整→烫煮→清洗→腌制→烘制→成品。

3. 操作要点

(1) 选料　选用符合卫生检验要求的新鲜猪肚，冲洗干净，作为加工的原料。

(2) 修整　选好的猪肚冲洗干净，剪去油脂，边缘修整齐，再冲洗干净，再将猪肚顺外圆切开1/3，用清水冲洗。

(3) 烫煮　洗净的猪肚放入沸水中烫煮5min，使其收缩变硬，成形。

(4) 清洗　烫煮好的猪肚先用刀刮去肚内外一切污物，再反复搓揉，直至肚内外一切污物刮净，再冲洗干净，将肚的切口处向下，沥水。

(5) 腌制　沥干的猪肚用精盐和硝酸钠的均匀混合料涂擦于其内外壁，涂匀，放置于干净的容器内，腌制24h。

(6) 烘制　腌好的猪肚切口朝下，挂在竹竿上，再送入烘房，房温55℃，烘制24h，烘至猪肚表面呈浅黄色，即为成品。

(7) 成品　腊猪肚，呈圆块状，表面略干，色泽浅黄，咸度适中，爽脆腊香，越嚼越香，酒饭皆可，佐酒更佳。

十五、米粉坛子肉

1. 原料配方

每100kg的肉（在“冬至”到来年“立春”之前，选用三成肥、七成瘦的鲜猪肉，带皮剔骨）用食盐2kg，白糖或红糖2.5kg，酱油2.5kg，米酒或糯米酒2kg，五香粉0.2kg，米粉16kg。

2. 工艺流程

修整→腌制→烘焙→成品。

3. 操作要点

(1) 修整　将鲜猪肉洗净晾干后，切成长8cm、宽5cm、厚1.5cm的薄片盛在木盆或瓦盆里。

（2）腌制　分层放进食盐、白糖（或红糖）、酱油、米酒（或糯米酒），腌制3～5d，使肉浸透均匀。

（3）烘焙　逐块蘸上五香粉和米粉，置于钢筛上，用木炭小火（严格掌握火候）连续烘焙12h，待米粉肉面呈金黄色，开始冒油时即可。

（4）成品　热气消失后，装坛密封。

十六、油炸坛子肉

1. 原料配方

（1）主料　在"冬至"到来年"立春"之前，选用三成肥、七成瘦的鲜猪肉，带皮剔骨。

（2）辅料　每100kg肉用食盐2kg，白糖或红糖2.5kg，米酒或糯米酒3kg，茶油9kg，辣椒粉5kg，大蒜头2.5kg，五香粉0.2kg，香葱适量。

2. 工艺流程

煮制→炸制→修整→成品。

3. 操作要点

（1）煮制　把鲜猪肉切成方块状放入清水锅中，加少量的生姜，煮沸至肉成熟时即捞出。

（2）炸制　用酒浸泡片刻，再加白糖（或红糖），用葱汁擦在肉皮上，以烧沸的茶油炸熟，使肉质柔软、皮脆、色黄。

（3）修整　待热气消失后，切块装在坛子里。也可以切成长14～16cm、宽7～8cm的薄片，配上辣椒粉、食盐、五香粉、大蒜头，搅拌均匀，装坛密封。

（4）成品　密封后放在干燥通风的地方。

十七、南宁腊肉

1. 原料配方

猪五花脯肉10kg，酱油400g，食盐150g，曲酒250g，白糖500g，红油和五香粉等各适量。

2. 工艺流程

选料→切条→腌渍→晾晒、烘焙→成品。

3. 操作要点

(1) 选料　选用符合卫生检验要求的新鲜猪体中部的五花腩肉，肥瘦适中者最佳。

(2) 切条　选好的猪肉割去皮层，切成长 40cm、宽 1.4cm 的肉条。

(3) 腌渍　切好的肉条加食盐、酱油、曲酒、白糖、红油、香料，搅拌均匀，腌渍 8h，隔 4h 搅拌一次。

(4) 晾晒、烘焙　腌好的猪肉条穿上细麻绳，挂在阳光下晾晒，夜间放入烘房烘焙。如此连续 3d，至肉质干透，即为成品。

(5) 成品　南宁腊肉，条块整齐，干爽一致，肉质鲜明，富有光泽，肥肉透明，爽脆不腻，瘦肉甘香，腊味浓郁。

十八、陕西老童家腊羊肉

1. 原料配方

羊肉 3000g，小茴香 250g，花椒 193g，八角 31g，草果 16g，食用红色素 14g，食盐适量。

2. 工艺流程

原料肉的准备→腌制→煮制→成品。

3. 操作要点

(1) 原料肉的准备　凡经检验合格食用的羊肉剔去颈骨，抽出板筋，砍断脊骨成五段（便于下缸时折叠）；同时用尖刀将肉划开，呈一道一道的刀缝，使盐液易于渗入。再将腿骨、肋条骨一并砍断，在煮肉时易于出油和去髓，为进一步剔去全部骨头做好准备。如果是冻羊肉，则需在适当的解冻室解冻，才能剔骨。

(2) 腌制　原料肉准备好后，即行下缸腌制，冬季每缸腌 7 只羊肉层，夏天每缸腌 4～5 只，每缸下盐 7.5kg，注入清洁水 100kg，夏秋季节天气炎热，腌制时盐量可适当增加。腌制室则选择凉爽干净的场所，室内要保持较低的湿度，而且要勤翻勤倒缸内的腌料，以防变质。在西安的气候条件，冬季腌肉需7d时间，夏秋季节只要1～2d，当肉色变红时即可下锅煮制。

（3）煮制　老汤（即多次煮肉的原汁汤）每锅以煮羊肉3kg计算，用小茴香250g，八角31g，草果16g，花椒193g，上述调料用纱布装好，放入老汤中熬煮沸腾后即可将腌好的羊肉下锅。如果没有老汤就需制备煮肉汤，其方法是把剔下的羊骨按上述用料的双倍量，在锅内熬煮24h，把羊骨捞出锅，加盐量冬季按每锅2.5kg，夏秋按3kg加入锅内，然后才能把羊肉下锅。

从腌肉缸内捞出的羊肉沥净盐水后，用沸水溶化14g食用红色素，用毛刷蘸取红色素涂满肉面，使肉呈红色，再将肉面对肉面折叠后下入煮肉锅内，折叠后入锅煮是为了防止走色，肉在煮熟后，出锅羊肉色泽鲜艳美观。

煮肉的时间要根据羊肉老嫩来确定，肉质较嫩的羊肉一般煮6h，肉质老时就需要煮8h，煮制时火候十分重要，在羊肉入锅煮沸后即用文火焖煮，使汤面冒小泡为度，切忌一直用大火沸煮。煮熟后的腊羊肉其熟肉率为50%。

（4）成品　熟制后的腊羊肉，色泽鲜美，味道适口，没有腥膻味，且可存放较长时间。

十九、开封腊羊肉

1. 原料配方

羊肉10kg，精盐300g，酱油200g，白糖200g，绍酒100g，花椒15g，丁香5g，硝酸钠2.6g。

2. 工艺流程

选料→腌制→风干→成品。

3. 操作要点

（1）选料　选用符合卫生要求的羊的鲜硬肋肉，切成长30cm、宽5cm的长条。

（2）腌制　精盐放入锅内炒干，与硝酸钠和花椒混匀，撒在羊肉条上；搓揉均匀，置于瓷盆中腌制2d，再加酱油、绍酒、白糖，腌制 7d。中间翻倒两次，使之腌透。

(3) 风干　腌好的羊肉条挂在通风干燥处晾干即为成品。

(4) 成品　色泽鲜明，切面完整，肉质坚实，微有弹性，具有广式腊肉风味。

二十、平顶山蝴蝶腊猪头

1. 原料配方

去骨后的生猪头肉 100kg，八角 300g，硝酸钾 200g，白酒 2kg，白糖 3kg，食盐 4kg，酱油 5kg。

2. 工艺流程

原料整理→腌制→烘烤→成品。

3. 操作要点

(1) 原料整理　选用三道纹的短嘴猪头，经过刮毛、剔骨（保持猪头完整有猪舌），放在清水中浸泡 12h。

(2) 腌制

① 去尽淤血，捞出，控去水分，然后加入辅料放进缸内腌制 5d。腌制时要一层一层摆好，一层肉、一层辅料，最后用石头将肉压紧。

② 前 3d，每天翻一次肉，以便腌制匀透。

(3) 烘烤　肉腌好后出缸整理成蝴蝶形状，放入恒温烘房烘烤 3d（温度第一天为 60℃，第二天 50℃，第三天 40℃），待外皮干硬、瘦肉呈酱红色时，即为成品。

(4) 成品　形体完整美观，色泽鲜艳，皮面油光发亮，肉质干爽紧密，风味独特，蒸熟后切片可食，腊香可口，脆肥不腻，便于保存、携带。

二十一、腊猪肉

1. 原料配方

猪肉（以猪的肋条肉为最好，前、后腿肉亦可）50kg，有色酱油 1kg，精盐 2kg，白砂糖 2.5kg，硝酸钠 25g，五香粉 150g，味精 150g，60 度高粱酒 750g。以上配料用量应视气候情况而增减，一般春、冬季用量酌减，夏、秋季用量酌增。

2. 工艺流程

原料整理→腌制→晾干→烘干→成品。

3. 操作要点

(1) 原料整理　腊猪肉的原料要求不严，夹心（主要是五花脯肉）、肋条肉和腿肉均可，但必须剔除所有骨头，将皮面上的残血刮净，然后切成长约 45cm、宽约 5cm，肥瘦兼有的肉条。

(2) 腌制　将拌匀的上述各配料用手逐条擦于肉内面及肉皮上，然后一层一层整齐地平铺在池中或缸内，将剩余配料全撒在池或缸的上层进行腌制。腌制 12h 后即行翻缸，翻缸后再腌 12h 即可出缸。

(3) 晾干　肉条出缸后需用干净的湿毛巾擦净肉条上的白沫和污物（脏毛巾易造成污染），再用铁针或尖刀在肉条的上端刺一小洞，穿上麻绳挂在竹竿上，放于干燥通风的地方，让其表面水分自然晾干。

(4) 烘干　待表面晾干后即可转入烘房烘制。烘房可分上、中、下三层挂竹竿，竿和竿、肉和肉之间均需保持一定的距离，以不相互挤压为度。烘房内的下面一层最好挂当天新腌制好的肉条。如烘房肉系同一天的肉条，每隔 2～3h 应上下调换位置，以防烤焦和流油。烘房内多以木柴和煤作热源，温度应控制在 50～55℃，一般开始时温度低（不超过 50℃），中间温度高（55℃），最后阶段的温度也低（50℃）。从肉条进烘房开始计算，一般烘烤 35h 左右，待肉条的肉皮发硬并呈金黄色，瘦肉切面呈深红色，肉的表面水分全干即为成品。如果天晴太阳好，也可在太阳下暴晒，晚上移入室内，连续 3d 直至表面出油为止。家庭用临时烘房的设计：烘房可设计成三面是砖或土墙，一面是木板墙（带门），房顶用石棉瓦或其他防高温的材料来制作。烘房的宽度和深度应视制作腊肉的多少和所选择作烘房的地方大小而定。一般烘房的宽度为 2.5m 左右，深度为2m左右，高度以2.3m为宜。因腊肉是挂在竹竿上烘烤的，故烘房不能过宽。以上烘房的大小适合制作150kg腊肉的要求。该烘房是以木柴或煤炭为火源，也适于香肠及其他制品的烘烤。

二十二、腊瘦肉

1. 原料配方

猪瘦肉1kg，白酒12g，精盐25g，白糖38g，硝酸钠0.5g，一级生抽50g。

2. 工艺流程

选料、切条→腌制→晾晒→成品。

3. 操作要点

(1) 选料、切条　选用符合卫生检验要求的猪瘦肉，切成长条状或小块状。

(2) 腌制　将切成长条状的猪瘦肉加精盐、白酒、白糖、一级生抽、硝酸钠，搅拌均匀，再腌制4～5h。

(3) 晾晒　腌好的肉条用小麻绳穿好，挂在日光下暴晒，晚上挂在干燥通风处。如此经过4d，即为成品。

二十三、腊肥肉

1. 原料配方

纯肥肉10kg，精盐0.5kg。

2. 工艺流程

原料整理→腌制→烘制→成品。

3. 操作要点

(1) 原料整理　挑选大肥猪最厚处的肥肉（越肥越好），切成整齐的重约0.3kg的条肉。

(2) 腌制　用经过粉碎的精面盐与条肉充分揉搓，腌制24h。用麻绳穿牢，挂于竹竿上。

(3) 烘制　白天可将腌好的条肉挂于竹竿上，放在阳光下晾晒，夜间送于50℃的烘房内烘烤。约3d，烘至表面略硬即取出，待自然干爽即可。有条件的也可经盐腌后直接送入烘房进行烘制，一般持续烘烤48h即可。

经盐腌过的腊肥肉如在阳光下晾晒，应随时注意天气变化，一旦起风，应立即将腊肥肉转入室内。因腊肥肉一经落上灰尘，则不易洗掉，致使表面污秽发灰，影响成品质量。

（4）成品　制品长条状，每条长约40cm，宽4cm，重约0.25kg。成品全肥，色白，表面略硬，指按无痕，不粘手，无异味。主要作为糕点、糯米饭等配料用。

二十四、腊乳猪

1. 原料配方

乳猪（整只小猪）约5kg，白糖300g，硝酸钠10g，精盐200g，酱油150g，白酒150g。

2. 工艺流程

原料整理→腌制→烘制→成品。

3. 操作要点

（1）原料整理　将6.5kg左右的乳猪屠宰，煺净身上所有的猪毛及污物，开腔摘去所有的内脏并剔去颈背骨、胸骨及腿骨（剔骨时切勿划破表面）。然后用小竹棒将猪体撑开并铺成平面状（使猪体呈平卧姿势）。

（2）腌制　将已经混匀的所有配料均匀地涂擦猪身内外，腌制5～6h。每隔1h应把从猪身上流下的配料往猪身上和内腔里再涂擦一次，使配料能充分渗入肉内。

（3）烘制　将经过腌制的乳猪直接送入50℃的烘房进行烘制，烘制中应不断地调整和改变乳猪的位置和方向，以使猪体周围能烘制均匀。约烘制48h，待手触猪皮有干硬感，猪表面呈鲜艳的赭色时即为成品。如天气很好，也可白天在阳光下晾晒，晚上转入烘房，连续3d即成。

二十五、腊香猪

1. 原料配方

猪肉 1kg，酱油 100g，白糖 50g，三花酒 40g，食盐 30g。

2. 工艺流程

选料→原料整理→修理→腌制→烘制→成品。

3. 操作要点

(1) 选料　选用健康无病的七里香猪，作为加工的原料。

(2) 原料整理　选好的香猪经宰杀、放血，60℃热水烫毛，刮洗干净（不可破皮）成光猪。

(3) 修理　光猪开膛，取内脏，剔去猪骨，保留猪脚和猪尾。

(4) 腌制　辅料在一起混拌均匀，再均匀地涂抹在修理好的猪的瘦肉部位上，腌制 1 夜，然后用竹片将猪的腹部撑开。

(5) 烘制　将猪吊起，放在阳光下晾晒或送入烤房焙烤，约需 3d，猪体达到干身即成。

(6) 产品特色　腊香猪皮色鲜明，呈奶黄色，油润光泽，猪皮爽脆，肉质干香，食而不腻，独具一格。

二十六、腊猪头

1. 原料配方

剔除大骨的猪头肉 50kg，食盐 2kg，酱油 2.5kg，白糖 1.5kg，白酒 1kg，花椒 150g，八角 150g，硝酸钠 25g。

2. 工艺流程

选料→煺毛→拔毛→刀刮→浸泡→腌制→造型→烘烤→成品。

3. 操作要点

(1) 选料　挑选“长白”或“长白”杂交的种猪的猪头为原料，猪头颌面要求丰满无皱纹，耳朵、猪舌完整齐全，每个重 4.5～6kg。

(2) 煺毛　在 60～65℃的温水中浸泡 2～3min，取出用刨刀进行手工煺毛。如大批量制作，可置头、蹄于打毛机中进行机械初步烟毛。

（3）拔毛 用松香拔毛，要求所有部位皮上无残毛和断毛根。

（4）刀刮 用刀刮净，特别在耳窝、眼窝、嘴叉、鼻孔和刀口等关键部位，要求做到四无：无灰、无毛、无黏液、无血污。

（5）浸泡 在清水中浸泡适时（约5h左右），中间可换水一两次，使毛细血管内的淤血析出溶于水中，以保证成品色泽。

（6）腌制 将以上配料充分混合，均匀地涂擦于猪头肉的内外和四周，于缸中干腌3d。在此期间要求根据气温情况适时翻动，以利作料浸入均匀。

（7）造型 用小棒将槽头部撑开，使猪舌自然垂下，这样，猪头烘成后，撑开的槽头（猪颈附近）和双耳似蝶翅，猪舌似蝶肚，拱嘴似蝶头。

（8）烘烤 在烘房中共烤制3d，第一天温度为60℃，第二天为50℃，第三天为40℃。在烘制过程中要随时注意色泽的变化和掌握烘房温度。

（9）成品 成品为扁平状，呈蝶形，表皮油光发亮，呈酱红色，肌肉呈暗红色，脂肪呈黄白色。色泽红润美观，有香味，鲜美可口。将每只猪头的上颌、下颌、舌头（三件）用麻绳穿成一扎。食之咸甜适中，爽脆利口，肥而不腻。由于头肉、猪舌、耳朵和拱嘴部位各异，因而其味不尽相同，一品四菜，别具风味。

二十七、无皮腊花肉

1. 原料配方

猪无皮五花肉（肋条肉）50kg，精盐1.5kg，白糖2.5kg，酱油1.75kg，酱色750g，硝酸钠25g，50度以上的汾酒1.5kg。

2. 工艺流程

原料整理→腌制→烘制→成品。

3. 操作要点

（1）原料整理 将剔除肋骨和除去腩尾过肥部分的五花肉切成长38～42cm、宽1.5～1.8cm、重0.15～0.2kg的整齐条肉。用温水清洗表面油腻并沥干水。

(2) 腌制　将以上配料（除去酱色）混匀加入已经沥干水的条肉中，腌制3～4h，每隔半小时翻缸一次。出缸时用干净毛巾擦干渗出的血水，再用毛刷将酱色均匀地涂擦于条肉上，穿好麻绳挂于竹竿上。

(3) 烘制　将挂好在竹竿上的条肉先放在太阳下晾晒半天，待条肉表面收缩挺直，然后转入45～50℃的烘房内间断烘制24h即成。

(4) 成品　无皮腊花肉是我国广东著名的传统风味制品之一。成品外观色泽光润鲜明，一层肥一层瘦，瘦肉坚硬呈枣红色，肥肉指按无凹痕，呈金黄色，肉条挺直，长短整齐。食之咸中带甜，鲜味可口，并带有浓郁的糖酒香味，是理想的佐餐和送礼佳品。

二十八、 腊猪嘴

1. 原料配方

猪嘴肉10kg，一级生抽500g，精盐300g，白酒80g，白糖60g，麻油60g，硝酸钠2g。

2. 工艺流程

选料→腌制→晾晒→成品。

3. 操作要点

(1) 选料　将选择好的新鲜猪嘴肉切开两边，清洗干净。

(2) 腌制　整理好的猪嘴肉先用硝酸钠擦匀表皮，再加精盐、白酒、白糖、一级生抽，搅拌均匀，再放置腌制4～5h，待入味后再加麻油拌匀，使其色泽鲜明。

(3) 晾晒　将腌好的猪嘴肉用细麻绳穿上，挂在阳光下暴晒6d，即为成品。

(4) 成品　肉质脆爽，腊香味美。

二十九、 腊猪心

1. 原料配方

符合卫生标准的鲜猪心。每100kg鲜猪心用料配方如下。

（1）长沙　精盐4.6kg，硝酸钠0.2kg，白糖1.4kg。

（2）涪陵　食盐5kg，白糖2kg，酱油4kg，曲酒2kg，混合香料200g，花椒面100g，硝酸钠50g。

（3）成都　精盐5.5kg，糖1kg，酒0.5kg，花椒0.2kg，豆油2kg，桂皮0.1kg。

（4）绵阳　食盐7kg，白酒0.5kg，花椒0.1kg，硝酸钠50g。

（5）广式猪心　食盐3.5kg，白糖6kg，酱油4kg，白胡椒面200g，曲酒2kg，硝酸钠50g。

2. 工艺流程

原料修整→烘制→成品。

3. 操作要点

（1）原料修整　将鲜猪心上的心血管尽行割去，对剖猪心，取出淤血，然后用水洗净。修去碎块肥筋，整形成片状，再次清洗。将辅料拌匀，再将猪心放入盛有辅料液的容器内反复拌匀，沉浸6～8h（2h翻缸一次）。

（2）烘制　将猪心取出（成都作法：取出用清水先漂洗一下），放在竹筛上，略干水汽，即送烘房。烘房温度为40～50℃，烘72h即成（亦可在天气晴朗时利用日光暴晒），冷凉后包装。

（3）成品　香嫩可口，腊香浓郁，爽口化渣。色泽红润，腊香回甜，滑嫩爽口，可煮食，可蒸食。切片呈淡红、枣红，全心呈一只状、半片状、墨鱼状，身干质洁，有半片状的亦有呈梭状的。绵阳只烘40h，成品率可达50%。

三十、腊猪肚

1. 原料配方

鲜肚坯50kg，食盐3.5kg，硝酸钠25g，白酒250g，花椒75g。

2. 工艺流程

原料选择→腌制→烘烤干燥→成品。

3. 操作要点

(1) 原料选择　选择符合卫生标准的鲜猪肚，洗净污物，去除净化油，剖成薄片，再清洗干净，沥去水分。

(2) 腌制　先将白酒洒在肚皮上，拌匀。再将其他辅料混匀，加入肚皮于盆内搅拌搓揉均匀。入缸腌 4d，中间翻缸 1 次。

(3) 烘烤　干燥腌好的肚皮出缸，晾干表水，烘烤 26～32h，待肚皮干硬即可，冷透后用防潮纸包装即为成品。成品率25%～30%。

三十一、 腊猪肝

1. 原料配方

以 100kg 鲜猪肝计。

(1) 川式：食盐 6.5～7kg，干酒 0.5～2kg，生姜（或粉）100～300g，花椒 10～15g，硝酸钠 50～100g。其余香料按地区消费习惯加减。

(2) 广式：减盐加糖，食盐 3.5kg，白糖 6kg，酱油 4kg，白胡椒 200g，曲酒 2kg，姜汁水 50g，香料适量（此外，亦有加适量味精者）。

2. 工艺流程

修整→腌制→挂晾→烘烤→成品。

3. 操作要点

(1) 修整　完好无破损地摘除苦胆，割去筋油，划成 4 块，并在较大那块肝上用刀割一道口，使其进盐，还需打针眼，以排除空气。

(2) 腌制　将辅料拌匀，肝放盆内，倒入辅料，用手混合敷料，务使吃料均匀，再入缸腌制。1～2d 翻缸，再腌 2d 即可出缸。

(3) 挂晾　出缸后的肝用清温水漂洗干净，拴绳穿于竹竿上挂晾，等水汽略干后，即可进房。

(4) 烘烤　烤 28～32h（室温 40～50℃时，约 72h）。烘烤时可挂在竹竿上，也可放在竹筛上，用木炭烘烤。视其干硬，就可出炕，冷透后包装。

(5) 成品 紫褐泛红，腊香独特，肝味纯正，入口化渣，其貌不扬，却经济实惠。身干质洁，腊香纯郁，无烟熏味，煮熟切片呈淡红色，条形约长 15cm、宽 1.5cm，片形约长 20cm、宽 5～7cm。成品率 30%～40%，如不需存很久，不宜太干。用防潮纸打包放在干燥通风的仓库内。

4. 食用方法

蒸食、煮食皆宜。腊猪肝色泽紫褐泛红，腊香油润，质地柔韧，醇香甘美，不仅是佐酒菜，也是幼儿、孕妇、产妇良好的滋补食品。

三十二、 金银肝

1. 原料配方

猪肝 10kg，猪肥肉条 10kg，食盐 700g，酱油 800g，白糖 900g，红油 300g，姜汁 50g，曲酒 550g。

2. 工艺流程

选料→整理→腌制→晾晒→修整→烘制→风干→成品。

3. 操作要点

(1) 选料 选用符合卫生检验要求的新鲜猪肝和猪肥膘肉，作为加工的原料。

(2) 整理 选好的猪肝洗净，剔去筋络，切成条状，头部略大，尾部略小，再用小绳将肝条逐个穿好；猪肥膘肉亦切成小于肝条的条状。

(3) 腌制 切好的猪肝加食盐 2g、白糖 4g、酱油 3g、红油 1.5g、曲酒 3g、姜汁 0.5g，拌匀，腌制 3h；猪肥膘条加盐腌 3d，然后用温水洗净，再用白糖、酱油、曲酒、红油腌制 2h。

(4) 晾晒 腌好的猪肝条挂在阳光下，晒至五成干。

(5) 修整 晒好的猪肝用刀把肝条从头部中端捅入开成洞，再塞入肥肉条，如此一一做好。

(6) 烘制 做好的猪肝条挂在阳光下晾晒，晚间送入烤房烘至九成干。

（7）风干　烘好的猪肝条悬挂在室内，进行风干，即为成品。

（8）成品　金银润，猪肝深褐，鲜明光泽，肥肉洁白，质地透明，猪肝甘香，肥肉爽脆，味美可口，风味独特。

三十三、腊金银肝

1. 原料配方

肝条 125kg，肥肉 75kg，精盐 2kg，酱油 5kg，白糖 3kg，味精 300g，生姜 600g，硝酸钠 200g。

2. 工艺流程

原料整理→腌制→初步烘制→最后烘制→成品。

3. 操作要点

（1）原料整理　先将猪肝上的苦胆撕去，剖掉肝上端的小肉，再用水洗去肝脏表面的血污，按其自然状态分切开四叶，然后顺肝叶的长端切成约 3cm 宽的条状。

（2）腌制　将肝条叠于干净的容器内，加入以上经过混匀的配料（精盐 1kg），充分拌匀，腌制 10h（中间翻缸一次）。在腌制肝条的同时，将肥肉也切成宽约 1.5cm、长约 10cm 的条形或菱形的肉条，用剩下的精盐 1kg 另行腌制 10h（中间亦翻缸一次）。

（3）初步烘制　将出缸后的肝条和肥肉条分别放在竹筛上滤去腌汁，再摊到铁筛上送入 40℃烘房，经 4h，待肝条和肉条表面略有收缩时即可取出，然后用麻绳将两片肝叶穿为一绳。

（4）最后烘制　用小刀把肝叶自上而下划开，但不要划透肝背面，沿划开线将里面的肝肉挖出，挖出的长短宽窄要与切的肥肉肉条的大小吻合一致，然后将肥肉嵌入肝内，再用绳子从肝条中间横扎一圈，以免肥肉脱落分开。最后再送入 50℃左右的烘房内烘制 3d，待肝条质干坚硬，肝、肉紧缩成条形即为成品。

（5）成品　制品系用猪肝和猪肥肉合制而成，呈长条状。每 0.5kg 以 5～6 条为宜，其长度以 13～15cm 为好。成品外表红黑色，质干，条块坚硬，蒸熟切开，肥肉晶莹透亮，肝条质地柔软。

三十四、 腊金钱豉肉饼

1. 原料配方

猪头肉 5kg，白糖 550g，生抽 250g，精盐 150g，白酒 250g，一级生抽 250g，硝酸钠 2.5g。

2. 工艺流程

选料→腌制→晾晒→成品。

3. 操作要点

(1) 选料　选用新鲜生猪头，用刀从下颚处切开，再将肉切成条状。

(2) 腌制　切好的猪头肉加入精盐、生抽、白酒、白糖、硝酸钠混匀，腌制 5～6h 可加入麻油，使其色泽鲜明。

(3) 晾晒　将腌制好的猪头肉用细麻绳穿上，挂在阳光下暴晒 6d，即为成品。

三十五、 即食腊肠

1. 原料配方

猪肉（含前腿肌肉、后腿肌肉和脊部肥膘）200kg，冰水 30～50kg，白砂糖 20kg，白酒 10kg，食盐 8kg，味精 0.8kg，三聚磷酸钠 0.8kg，异抗坏血酸钠 0.4kg，五香粉 0.7kg，亚硝酸钠 30g。

2. 工艺流程

原料选择与处理→腌制→制馅→灌装→干燥→蒸煮→真空包装→高温灭菌→冷却贮存→成品。

3. 操作要点

(1) 原料选择与处理　选择经兽医卫生检疫合格的猪肉和脊部肥膘。解冻后，2、4 号肉用直径 10mm 孔板的绞肉机绞碎后备用，脊膘用切丁机切成 4～5mm 的肥膘丁，并用 42～45℃ 的温水洗去浮油，然后送入腌制间冷却备用。

(2) 腌制　将绞制好的肉放入搅拌机，按配方加入各种配料，搅拌约 2min 至肉馅黏稠均匀，冰水完全吸收即可进行腌制。腌制间温度2～4℃，腌制时间约24h，腌制后肉馅温度在5～8℃之间。

（3）制馅　将腌制好的猪肉馅150kg放入搅拌机中，加入50kg冷却后的肥膘丁及4～6kg变性淀粉，搅拌15～20min至肉馅均匀一致即可灌装。

（4）灌装　将制好的肉馅灌入5～6段肠衣，按每段15cm打结挂杆，灌装时注意排除气泡。

（5）干燥　灌装好的产品放入干燥炉内干燥。干燥温度50～52℃，干燥时间24h。

（6）蒸煮　干燥后的产品及时送入蒸箱进行蒸煮，蒸煮温度为82℃，蒸煮时间为30min。

（7）真空包装　将蒸煮后的腊肠冷却至室温，然后用尼龙复合高温蒸煮袋进行真空定量包装。

（8）高温灭菌　真空包装后的产品在高压杀菌锅中进行灭菌，要求灭菌温度105℃，反压14.7×10^4Pa，保温时间35min，冷却至40℃以下减压出锅。

（9）冷却贮存　产品出锅后要及时冷却，于冷库中冷藏。

（10）成品　在常温、干燥、阴凉通风条件下，保质期为3个月。

三十六、腊猪蹄

1. 原料配方

猪前蹄10kg，酱油6kg，精盐1.5kg，硝酸钠3g。

2. 工艺流程

选料→腌制→晾晒→成品。

3. 操作要点

（1）选料　选择符合卫生检验要求的猪前蹄，刮净残毛，冲洗干净。

（2）腌制　将猪蹄洒上硝酸钠水，放入盐卤中腌制20d，再晾干，5～6d后，放入酱油中浸泡12h。

（3）晾晒　腌制好的猪蹄置于阳光下晒4d，待猪蹄干透发硬，用线绳捆扎挂起来，挂在干燥通风处，将盐水出净，即成枫蹄。

三十七、牛干巴

1. 原料配方

鲜牛肉100kg，食盐4～6kg，白糖1kg，五香粉100g，辣椒粉50g，花椒粉50g，硝酸钠40g。

2. 工艺流程

选料→修整→腌制→烘烤→冷却→包装保藏→成品。

3. 操作要点

(1) 选料　选择新鲜健康的优质鲜牛肉。以肌肉丰满、腱膜较少的大块牛肉为宜。

(2) 修整　将牛肉切分成长方形肉块，每块重500～800g，去掉骨骼和腱膜等结缔组织。

(3) 腌制　采用干腌方法腌制。加入牛肉块及全部调料，混合均匀，逐块涂抹，反复揉搓，直到肉表面湿润，然后置于腌制容器中，在表面再敷一些腌制剂，密封容器，腌制7～15d。

(4) 烘烤　将腌好的牛肉块置于不锈钢网盘中或吊挂于烘烤推车上，然后推进烘箱或烘房烘烤，温度为45～60℃，烘烤24～48h，即为牛干巴成品。

(5) 冷却、包装与保藏　牛干巴的成品率一般为55%～60%。牛干巴冷却后可用真空包装，于10～15℃下可长期保存。

(6) 成品　牛干巴肉质紧密，色彩红亮，香气四溢，味道鲜美，外形整齐，易于保藏。

三十八、速制腊香牛肉

1. 原料配方

鲜牛肉100kg，食盐4kg，白糖3.5kg，黄酒2kg，姜0.5kg，花椒0.3kg，胡椒0.3kg，葱0.2kg，八角0.2kg，草果0.15g，肉蔻0.1kg，味精0.1kg，小茴香0.1kg，砂仁50g，桂皮50g，抗坏血酸25g，硝酸钠25g，亚硝酸钠5g。

2. 工艺流程

原料选择及预处理→腌制→烘烤→真空包装→杀菌冷却→成品。

3. 操作要点

(1) 原料选择及预处理　选择符合卫生标准的新鲜牛肉，以后腿肉为佳。将瘦牛肉剔除脂肪油膜、肌腱、血块及碎骨等，清洗干净后在操作台上根据肉块形状，用刀切成Z形，宽约14cm、长约20cm的形状，沥去水后备用。

(2) 腌制　采用先干腌后浸腌的混合腌制法。首先称取原料质量3%的盐在炒锅中焙炒至无水蒸气，色泽微黄，冷却后与亚硝酸钠、硝酸钠、抗坏血酸混合，混合均匀后擦在牛肉表面，整齐摆放于腌缸中压实，腌制8～9h，保持温度为8～10℃。腌制过程中上下翻动2～3次。

按配料称取适当比例香辛料，于盛有清水的夹层锅中加热至沸，加水量与肉重之比为1∶1，用微火熬制30～40min。将熬制好的腌制液用双层纱布过滤到腌制缸中，再将剩余盐、味精、糖等加入搅拌均匀，冷却后加入黄酒搅匀后备用。将干腌后的牛肉浸没到腌制液中继续腌制12h，保持温度8～10℃。

(3) 烘烤　将腌牛肉表面沥干，于(55±1)℃烘箱中烘5～6h，使牛肉含水量降至55%～60%。将20g蜂蜜与50g黄酒调匀后刷在腌制好的牛肉坯表面，晾干后置于烘箱中，逐渐升温至150℃烤制20min，待温度降至100℃左右将腊牛肉取出。

(4) 真空包装　将烤制好的腊牛肉趁热装入铝箔包装袋，防止肉汁或油污沾在袋口上而影响密封性。装袋时按每袋500g分装，然后真空封口，真空度为0.08MPa。

(5) 杀菌冷却　采用高温高压杀菌，温度121℃，杀菌时间15～20min，冷却采用90MPa反压冷却，冷却至40℃出锅。

三十九、缠丝兔

1. 原料配方

每 100kg 鲜兔，用食盐 6000g、豆油 1500g、芝麻 2000g、白糖 1000g、甜酱 500g、白酒 500g、花椒 200g、混合香料 700g（内含八角茴香、山柰、白胡椒、豆蔻、老姜等成分），另加味精 100g、硝酸钠 50g。混合香料加水 15kg 熬煮成汁，冷却备用。

2. 工艺流程

选料→腌制→整形→干燥→成品。

3. 操作要点

（1）选料　选择符合卫生标准、体重为 1.5～2.0kg 的活兔，要求膘肥肉嫩。体重过大，肉质粗老；体重过小，成品味偏轻，成品率低。制作按常规宰杀、去皮、剖腹取内脏，清洗。

（2）腌制　有干腌和湿腌两法。

① 干腌法（适于秋冬季）　将食盐炒热与酒、硝酸钠、白糖、花椒、香料等混合均匀，抹于兔体内外及嘴内，入缸腌 3～4d，其中每天翻缸一次。

② 湿腌法　将兔胴体放入盐水内浸没腌制 1～2d，每天翻缸一次，起缸后，将香料调匀，用刷子均匀地涂在兔胴体内外及嘴肉处（腿肉厚的地方先划一刀，以便吃料）。

（3）整形　腌好后的兔体用其余调味料均匀涂抹，将前腿塞入前胸，腹部拉紧，后腿拉直，然后用麻绳从颈部开始至后腿，每隔 2～3cm 缠绕一圈，使之呈螺旋形。

（4）风干　将整形好的兔体悬挂在干燥通风处干燥 7 天，即为成品。有条件的也可采用烘干烟熏方法干燥，口味别具一格。

（5）成品　产品油润光亮，肉香浓郁，鲜嫩味美，色泽均匀。

四十、高档卤味腊兔

1. 原料配方

鲜兔 100kg，白酒 3kg，白糖 2kg，精盐 2kg，姜 500g，八角 160g，桂皮 300g，小茴香 260g，丁香 30g，味精 60g，硝酸钠 20g。

2. 工艺流程

选料→预处理→腌制→预煮→晾挂→刷蜜、上油→烘烤→包装贮存→成品。

3. 操作要点

(1) 原料选择及预处理　选择符合卫生标准的膘肥肉嫩的活兔，常规宰杀、去皮、剖腹去内脏，清洗。用整个兔肉胴体作为加工原料。

(2) 腌制　通过腌制，食盐和硝酸钠渗透扩散到肉块，有利于盐溶性蛋白的析出，增加产品风味，提高制品黏结性和成品率。腌制剂配比为 2% 的盐，2% 的糖，0.02% 的硝酸钠，时间以 24h 为宜。

(3) 预煮　兔子是草食性动物，其肉有一种很强的草青味，不易被接受。在煮制时加入一定香辛料并放少许猪肥膘可除去兔肉的异味，且口感清香。煮制时先大火煮 20min，再用小火煮制约 90min。

(4) 晾挂　传统工艺都是将肉挂通风干燥处自然晾晒，待其表面稍干后再刷蜜，这样有许多不足。其一，受自然条件影响大；再次，生产周期长。因此用烘烤干燥法取而代之。在烘炉里面先用热风烘烤，温度定为 61～66℃，时间 40min。待制品的水分含量达到需要后再进行下道工序。这样大大缩短了产品加工周期，有利于实现规模化生产。

(5) 刷蜜、上油　为了使制品具有更好的色、香、味，可对产品做一些刷蜜、上油处理。刷蜜可以增加风味，使制品呈枣红色；上油使成品表面有光泽，外焦里嫩，油包水形成一层保护膜，内部水分不易散失。

(6) 烘烤　将制品置于 88℃烟熏炉中用糖熏 30min，冷却后即为成品。

(7) 包装贮存　冷却后的产品真空包装后于 2～4℃冷库中贮存。影响成品率的主要因素有原料肉的肥瘦度、煮制时间、工艺参数的稳定性等。在工艺参数稳定的情况下，成品率基本上可以达到 75%左右。

第三节 禽类腊肉加工

一、南京板鸭

1. 原辅料

鲜光鸭 50kg，小茴香 100g，精盐 3～3.5kg，卤液（泡洗光鸭的血水 50kg，小茴香 10g，食盐 25～35kg，葱 50g，姜片 250g）。

2. 工艺流程

选鸭、催肥→宰杀、清洗→开膛、整理→腌鸭→抠卤→复卤→出缸、叠坯→排坯→晾挂→成品。

3. 操作要点

（1）选鸭、催肥　腌制南京板鸭，要挑选体长、身宽、胸腿肉发达、两腋有“核桃肉”、体重在 1.25kg 以上的活鸭为原料。活鸭在屠宰前要用稻谷饲养数周，进行催肥，使膘肥肉嫩，皮肤洁白。这种鸭的脂肪熔点高，在气温较高的情况下也不易滴油、发哈喇味。经过稻谷育肥的活鸭称稻膘活鸭；制成的板鸭叫白油板鸭，是板鸭中的上品。也有用米糠或玉米为主要饲料育肥的，但皮肤色泽、内在品质都比稻谷育肥的差。

（2）宰杀、清洗　活鸭宰杀采用颈部宰杀或口腔宰杀法。经过浸烫、拔毛后，将光鸭在冷水缸内泡洗 3 次，以洗清血污，去净细毛，降低鸭子表面和体内温度，达到“四挺”的目的。所谓“四挺”，就是头与颈要挺，胸部要挺，右大腿要挺，左大腿要挺。

（3）开膛、整理　开膛前，先将两翅两脚切除。切除位置，两翅在第 2 关节处，两腿在股骨以上关节处。由翼下开膛，取出全部内脏。用水洗去体内残留的内脏薄膜和血污，再放在清水缸中浸泡 3h 左右，除去体内剩余血污，使肌肉洁白，符合卫生和质量要求，然后，将鸭子取出，挂起，沥干水分。当沥下来的水点逐渐稀少，而且不带有轻微血色时，将鸭子背向上，腹朝下，头向里，尾朝外放在案桌上，用两只手掌放在鸭的胸骨部使劲向下压，将胸部前面的三叉骨压扁，使鸭体呈扁长方形。经过这样处理后的光鸭，体内全部漂洗干净，既不影响肉的鲜美品质，又不易腐败变质，对板鸭能长期保存有很大关系。

(4) 腌鸭　将颗粒较大的粗盐放入锅内，按每 50kg 盐配 300g 八角的比例加入八角，用火炒干，加工碾细。炒盐用量一般为 16∶1，一只 2kg 重的光鸭用盐 125g。腌制时，先用 95g 盐从右翅下开口处装入腔内，将鸭放在桌上，反复翻动，使盐均匀布满腔体，其余的盐则用于体外，其中两条大腿、胸部两旁肌肉、颈部刀口和口腔内都要用盐擦透。在大腿上擦盐时，要将腿肌由下向上推，使肌肉受压，容易与盐接触。

(5) 抠卤　把擦好盐的鸭子一只一只叠放缸内，经过 12h 左右，右手提起鸭子的右翅，用左手食指或中指插入肛门内，把腹内血卤放出来，这就称为抠卤。

(6) 复卤　经过抠卤去除血卤的鸭要进行复卤，也就是用卤水再腌制 1 次。复卤用的卤水有新卤和老卤两种，新卤就是用去除内脏后泡洗鸭体变成淡红色带血的水加盐配制而成。每 50kg 血水加盐 35～37.5kg，放在锅内煮沸，使盐溶化成饱和溶液。用腌过鸭的新卤煮 2～3 次以上即称为老卤。老卤煮的次数越多越好。因鸭体经卤水浸泡后，一部分营养物质溶入卤中，每煮 1 次，浓度有所增加。盐卤要保持清洁，每腌 1 次后，要澄清，腌鸭 5～6 次后，必须煮 1 次卤，撇去浮面血污，防止变酸发臭。在热天更为重要。复卤的方法是将卤水从翼下开口处倒入。将腔内灌满，然后将鸭依次浸入卤缸中，浸入数量不宜太多，否则，不易腌透、腌匀。可装 200kg 卤的缸，复卤 70 只鸭左右。复卤时间的长短应当根据复卤季节、鸭子大小以及消费者的口味来确定。盐卤浓度不得低于 22°Bé，如果不到 22°Bé，复卤后的鸭子味不正常，内有血腥味，成品容易变质。

(7) 出缸、叠坯　复卤时间达到规定标准后，将鸭体从卤缸中取出。出缸时要抠卤，即用前面讲的抠卤方法，把体腔内的卤水倒进卤缸中。把流尽卤水后的鸭子放在案板上，用手将鸭体压扁，然后依次叠入缸中。经过 2～4d 即可出缸排坯。

（8）排坯 把叠在缸中的鸭子取出，用清水洗净鸭身，挂在木挡板上，用手把嗉口（颈部）排开，胸部绷开排平，双腿理开，肛门处掏成圆形，再用清水冲去表面杂质，然后挂在太阳晒不到的通风处晾干。鸭子晾干后要再复排一次，并加盖印章，转到再制品仓库保管，排坯的目的是使鸭体肥大好看，同时使鸭子内部通气。

（9）晾挂 将经排坯、盖印的鸭子晾挂在仓库内。仓库四周要通风，不受日晒雨淋。架子中间安装木挡，木挡之间距离保持50cm，木挡两边钉钉，两钉距离15cm，将盖印后的鸭子挂在钉上，每只钉可挂鸭坯2只，在鸭坯中间加上芦柴1根（约有中指粗细），从腰部隔开。吊挂时必须选择长短一致的鸭子挂在一起。这样经过2～3周后即为成品。如遇阴雨天回潮时，则延长些时间。

（10）成品 南京板鸭要求表皮光白，肉红，有香味，全身无毛、无皱纹，人字骨扁平，两腿直立，腿肌发硬，胸肉凸起，禽体呈扁圆形。南京板鸭的特点是外形方正宽阔，体肥，肉质细嫩，紧密，味香，回味鲜香。腌制南京板鸭的最好加工季节是每年大雪到冬至，这一时期腌制的成品叫腊板鸭。从立春到清明也可腌制，腌制的成品叫春板鸭，保存时间较腊板鸭短，要挂在阴凉通风的地方。小雪后、大雪前加工的板鸭，能保存1～2个月；大雪后加工的腊板鸭，可保存3个月；立春后、清明前加工的春板鸭，只能保存1个月。通常品质好的板鸭能保存到4月底，存放在0℃左右的冷库内，可保存到6月底或更长的时间。

二、 南京盐水鸭

1. 原辅料

肥鸭一只重约2000g，精盐230g，姜50g，葱50g，八角适量。

2. 工艺流程

宰杀、清洗→腌制→烘干→成品。

3. 操作要点

（1）宰杀、清洗 选用当年成长的肥鸭。宰杀、拔毛后，切去鸭子翅膀的第二关节和脚爪，然后在右翅下开膛，取出全部内脏。

用清水把鸭体内残留的破碎内脏和血污冲洗干净，再在冷水里浸泡30～60min，以除净鸭体内的血。在鸭子的下颌中央处开一个小洞，用钩子钩起来晾挂，沥干水分。

(2) 腌制　方法与板鸭的腌制基本相同，但腌制的时间要短一些。如春冬季节，腌制2～4h，抠卤（把腔中的血卤放出来）后复卤4～5h；夏秋季节，腌制2h左右抠卤，复卤2～3h，就可以出缸挂起。鸭体经整理后，用钩子钩住颈部，再用开水浇烫，使肌肉和表皮绷紧，外形饱满，然后挂在风口处沥干水分。

(3) 烘干　入炉烘干之前，用中指粗细、长10cm左右的芦苇管或小竹管插入肛门，并在鸭肚内放入少许姜、葱、八角，然后放进烘炉内，用柴火（芦苇、松枝、豆荚等）烧烤。燃烧后，余火拨成两行，分布炉膛两边，使热量均匀。鸭坯经20～25min烘烤，周身干燥起壳即可。

(4) 成品贮藏　盐水鸭冬季可保存7d左右，春秋季可保存2～3d，夏季可保存1d。存放时间过长骨肉易分离。另外因已煮熟，较易污染变质。宜放在阴凉通风的地方。

三、南京鸭肫干

1. 原辅料

鸭肫50只，食盐160g。

2. 工艺流程

选料→修整→腌制→清洗→晾晒→整形→成品。

3. 操作要点

(1) 选料　选用符合卫生要求，整齐肥大的鲜鸭肫，作为加工的原料。

(2) 修整　选好的鸭肫，从右面的中间用刀斜向剖开半边，刮去肫里的一层黄皮和余留食物。修整好的鸭肫用清水洗净内外，抹去污液。用少许食盐轻轻擦洗，去净酸臭异味。

(3) 腌制　洗净的鸭肫放入缸内，加食盐腌制，经12～14h，即可腌透。

(4) 清洗 腌透的鸭肫，自缸内取出。再用清水洗去附在其上的污物及盐中溶解下来的杂质。

(5) 晾晒 洗好的鸭肫用细麻绳穿起来，10 只一串，挂在日光下晒干。一般需 3～4d，晒至七成干，取下。

(6) 整形 七成干的鸭肫放在桌上，右手掌后部放肫上，用力压扁，搓揉 2～3 次，使腌的两块较高的肌肉成为扁形即成。

(7) 成品 南京鸭肫干，黑而发亮，味道鲜美，营养丰富，是佐酒美食。

四、 南京盐水鹅

1. 工艺流程

选料→腌制→煮制→成品。

2. 操作要点

(1) 选料 选用当年健康肥鹅，宰杀拔毛后，切去翅膀和脚爪，然后在右翅下开膛，取出全部内脏，用清水冲净体内外，再放入冷水中浸泡 1h 左右，挂起晾干待腌。

(2) 腌制 先干腌，即用食盐或用八角茴香炒制的盐涂擦鹅体内腔和体表，用盐量 100～150g。擦后堆码腌制 2～4h，冬春时间长些，夏秋时间短些，然后扣卤，再行复卤 2～3h 即可出缸。复卤即用老卤腌制，老卤是加生姜、葱、八角茴香熬煮加入过饱和盐水制成的腌制卤。

复卤后的鹅坯，用 6cm 长的中空竹管插入肛门，再从开口处填入腹腔料，姜 2～3 片、八角茴香 2 粒、葱 1～2 根，然后用开水浇淋鹅体表，使肌肉和外皮绷紧，外形饱满。

(3) 煮制 水中加三料（葱、姜、八角茴香），煮沸，停止烧火，将鹅放入锅中，开水很快进入内腔，提鹅头放出腔内热水，再将鹅放入锅中让热水再次进入腔内，依次将鹅胚放入锅中，压上竹盖使鹅全浸在液面以下，焖煮 20min 左右，此时锅中水温约在 85℃，20min 后加热升温到水似开而未开时，提鹅倒汤，再入锅焖煮 20min 左右后，第二次加热升温至 90～95℃时，再次提鹅倒汤，然后焖5～10min，即可起锅。在焖煮过程中水不能开，始终维持在85℃左右，否则肉中脂肪将溶化，肉质将变老，失去鲜、嫩特色。

（4）成品　煮好的盐水鹅冷却后切块，以煮鹅的汤水适量，加入少量的食盐和味精，调制成最适口味，浇于切块鹅肉上，即可食用。切块必须冷后切，热切肉汁易流失，切块不成形。

五、 南安板鸭

1. 原辅料

小鸭10kg，精盐0.9kg。

2. 工艺流程

鸭的选择→宰杀、煺毛→制外五件→开膛→去内脏→修整→腌制→造型、晾晒→包装→成品。

3. 操作要点

（1）鸭的选择　制作南安板鸭选用大粒麻鸭。该品种肉质细嫩、皮薄、毛孔小，是制作南安板鸭的最好原料。也可选用一般麻鸭。原料鸭饲养期为90～100d，体重1.25～1.75kg，然后以稻谷进行催肥28～30d，以鸭子头部全部换新毛为标准。

（2）宰杀、煺毛　同南京板鸭。

（3）制外五件　外五件指两翅、两脚和一带舌的下颌。割外五件时，将鸭体仰卧，左手抓住下颌骨，右手持刀从口腔内割破两嘴角，右手用刀压住上颌，左手将舌及下颌骨撕掉；用左手抓住左翅前臂骨，右手持刀对准肘关节，割断内外韧带，前臂骨即可割下；再用左手抓住鸭的脚掌，用同样方法割去右翅和右脚。

（4）开膛　鸭体仰卧在操作台上，尾朝向操作者，稍向外仰斜。操作者双手将腹中线（俗称外线）压向左侧0.8～1cm，左手食指和大拇指分别压在胸骨柄和剑状软骨处，右手持刀刃稍向内倾斜，由胸骨柄处下刀，沿外线向前推刀，破开皮肤及胸大肌（浅层肌肉），再将刀刃稍向外倾斜向前推刀斩断锁骨，剖开腹腔。左边胸骨、胸肉较多的称大边，右边胸骨、胸肉较少的称小边。然后将两侧关节劈开，便于造型。

(5) 去内脏　在肺与气管连接处将气管拉断并抽出，再将心脏、肝脏取出。然后将直肠蓄粪前推距肛门 3cm 处拉断直肠，手持断端将肠管等内脏一起拉出。最后用手指剥离肺与胸壁连接的薄膜，将肺摘除。取内脏时底板不能留有血迹、粪便，不能污染鸭体。

(6) 修整　先割去睾丸或卵巢及残留内脏。将鸭皮肤朝下，尾朝前，放在操作台上。操作者右手持刀放在鸭的右侧肋骨上，刀刃前部紧贴胸椎，刀刃后部偏开胸椎 1cm 左右，左手拍刀背，将肋骨斩断。同时将与皮肤相连的肌肉割断，并推向两边肋骨下，使皮肤上部粘有瘦肉。用同样的方法斩断另一侧肋骨。两侧肋骨斩断，刀门呈八字形，俗称劈八字。劈八字时母鸭留最后两根肋骨，公鸭全部肋骨斩断，最后割去直肠断端、生殖器及肛门。割肛门时只割去 1/3，使肛门在造型时呈半圆形。

(7) 腌制

① 盐的标准　将盐放入铁锅内用大火炒，炒至无水汽，凉后使用。早水鸭（立冬前的板鸭）每只用盐 150～200g，晚水鸭（立冬后的板鸭）每只用盐 125g 左右。

② 搽盐　将待腌鸭子放在搽盐板上，将鸭颈椎拉出 3～4cm，撒上盐再放回揉搓 5～10 次。再向头部刀口撒些盐，将头顶弯向胸腹腔，平放在盐上。将鸭皮肤朝上，两手抓盐在背部来回搽，搽至手有点发黏。

③ 装缸腌制　搽好盐后，将鸭头颈弯向胸腹，皮肤朝下，放在缸内，一只压住另一只的 2/3，呈螺旋式上升，使鸭体有一定的倾斜度，款水（盐浓度高的水）集中到尾部，便于将尾部等肌肉厚的部位腌透。腌制时间 8～12h。

(8) 造型、晾晒

① 洗鸭　将腌制好的鸭子从缸中取出，先在 40℃左右的温水中冲洗一下，以除去未溶解的结晶盐。然后将鸭放在 40～50℃的温水中浸泡冲洗 3 次，浸泡时要不断翻动鸭子。同时，将残留内脏

去掉，洗净污物，挤出尾脂腺。当僵硬的鸭体变软时即可造型。

② 造型　将鸭子放在长 2m、宽 0.63m 吸水性强的木板上，先从倒数第四、第五颈椎处拧脱臼（旱水鸭不用）。然后将鸭皮肤朝上、尾部向前放在木板上，将鸭子左右两腿的股关节拧脱臼，并将股四头肌前推，使鸭体显得肌肉丰满，外形美观。最后将鸭子在板上铺开，四周皮肤拉平，头向右弯，使整个鸭子呈桃月形。

③ 晾晒　造型晾晒 4～6h 后，板鸭形状已固定。在板鸭的大边上用细绳穿上，然后用竹竿挂起，放在晒架上日晒夜露。一般经过 5～7 昼夜的晒露，小边肌肉呈玫瑰红色，明显可见 5～7 个较硬的颈椎骨，说明板鸭已干，可贮藏包装。若遇天气不好，应及时送入烘房烘干。板鸭烘烤时应先将烘房温度调整至 30℃再将板鸭挂进烘房，烘房温度维持在 50℃左右。烘 2h 左右将板鸭从烘房中取出冷却，待皮肤出现乳白色时，再放入烘房内烘干直至符合要求时取出。

(9) 包装　传统包装是采用木桶和纸箱的大包装。现在是结合各种保存技术进行单个真空包装。

六、建瓯板鸭

1. 原辅料

土料鸭一只（1kg），食盐 80g。

2. 工艺流程

宰杀→腌制→晾干→成品。

3. 操作要点

(1) 宰杀　采用颈部宰杀法，放血，去毛，在胸部正中开膛，切开臀部尾肾，把鸭体扒开摊平。

(2) 腌制　将鸭体洗净，挂起沥干，然后腌制。先用盐将鸭体内外擦遍，腿部和肩脚多擦一些。腌制 9h 左右，取出鸭坯，用长约 18cm 的竹片分别撑开两翅及胸膛，再用一根 43cm 长的软竹片沿胸膛削缘弯着撑，并将两肩扒平。

(3) 晾干　将撑开的鸭体吊挂起来晾晒，晴天时晒半天后晾干。如果连续阴雨，可挂在烘房内烘烤，先烘底面，以免面上起皱。加工期以10～15d为最好，时间过短，肉不结实，缺乏香味；过长，干硬不嫩，味道欠佳。有的加工人员在建瓯板鸭成品的尾部留大毛十几根，以增加鸭体美观。

(4) 成品　色淡黄，肉质厚，丰腴干燥，鲜嫩不腻。

七、宁波腊鸭

1. 原辅料

活鸭1只（重约2000g），食盐100g，葡萄糖25g。

2. 工艺流程

选料→宰杀→修整→浸泡→风干→成品。

3. 操作要点

(1) 选料　选用符合卫生检验要求的健壮嫩肥的成年活鸭，作为加工原料。

(2) 宰杀　活鸭经宰杀，放血，煺毛，开膛，去内脏，成白条鸭。

(3) 修整　白条鸭控尽血污，冲洗干净，晾干。

(4) 浸泡　食盐和葡萄糖拌匀，擦遍鸭体内外，并在鸭头处用刀尖戳一小洞，再把鸭坯浸入卤缸内，浸泡3d，中间将鸭翻转1次，取出，洗净。

(5) 风干　洗净的鸭体再用沸水浸泡后捞出，沥干，再经日晒或风干，一般需7d左右，热天2～3d即可。

(6) 成品　色泽红润，鲜嫩可口。风味独特，酒饭皆宜。宁波腊鸭在食用时把鸭清洗干净，将葱、酒、八角等放入鸭肚内，上屉蒸1h即可。

八、广西腊鸭

1. 原辅料

仔鸭1只，食盐150～200g。

2. 工艺流程

原料选择和整理→配料和腌制→整形、日晒和定型→挂晒→成品。

3. 操作要点

（1）原料选择和整理　用本地麻鸭，北京鸭也可用。选2～3月龄仔鸭，体重0.7～0.9kg，主翼羽长齐，臀宽，腰圆，肌肉发达。常规宰杀，脱羽，去翅、脚爪，沿腹中线左侧0.5cm处，从颈至肛门开膛，清除全部内脏。断肋骨，在离背脊骨1～1.5cm处下刀断肋，左边留最后一根肋骨，称软边；右边留最后两根肋骨，称硬边；不损伤皮肤。

（2）配料和腌制　每只鸭用食盐150～200g，均匀擦于鸭坯各部，肉厚部多擦。平叠入腌缸中，腌12～24h。

（3）整形、日晒和定型　腌好的鸭坯用水洗去表面盐分，即可整形。扭断两腿骨，一手固定鸭体，一手握腿，紧贴鸭身向前、向上、向背扭转1/3圆周，至有折断声出现为止，于竹箔上压紧腿下沿，拉开胸腹壁向两边伸开，把颈向右转，再把头弯向左边，便成蝴蝶形。晒5h后体硬即定为蝴蝶形。再翻晒4～5h，即可挂晒。

（4）挂晒　从胸骨前端硬边穿绳，挂于草坪上日晒夜露5～7d，收回置50～60℃烘房中，逐渐降温，每小时降1～2℃，经12h降至30℃，出烘房，置干燥通风处2～3d即为成品。

（5）成品规格和分级　成品质量要求为蝴蝶形，皮肤洁白，无斑点、皱折，肉面鲜红质嫩，骨细软，咸淡适中，味甘美。达到上述规格后，按质量分级：一级，0.8kg以上；二级，0.6～0.8kg；三级，0.45～0.6kg。出口要二级以上。

九、重庆白市驿板鸭

1. 原辅料

鸭子2～3kg，盐120g，硝酸钾（土硝）2g，山柰、大料、甘松、胡椒、花椒、白糖等各适量。

2. 工艺流程

宰杀→腌制→整形→熏烤、刷油→成品。

3. 操作要点

（1）宰杀　选肌肉发达、皮下脂肪多、单只重在2kg以上的活鸭，宰杀后放尽血，刀口（杀眼）呈黄豆形，用60～70℃的温水浸烫去毛，剖开下腹（刀线要直），取出内脏，用清水清洗，然后直剖腹上，取净内部杂质，晾干余水。

（2）腌制　除去翅膀和脚爪，按每只鸭坯的质量加辅料腌制。腌制时间的长短视气温高低而定，冬季腌35～40h（旧工艺腌96h），夏季腌18～20h，8～10月份亦有腌12h者。放入腌缸时叠码，一层压一层。

（3）整形　出缸后，用沸水消毒的清洁毛巾抹干腌汁和渣屑，再用竹片将鸭体撑开（不要太开），使风能吹到每一个部位。风干的时间，夏季2～4h，冬季8～10h。

（4）熏烤、刷油　将风干后的鸭坯放在谷壳燃料的上面，反复翻动熏烤40～50min（微火），然后在板鸭的正面涂上一层芝麻油，即为成品。

（5）成品　皮色精黄，入口浓香，熏香甘美，肉质细嫩，色泽诱人。

十、芜湖腊味鸭肫

1. 原辅料

鸭肫5kg，酱油350g，精盐250g，白糖150g，白酒50g，硝酸钠25g。

2. 工艺流程

选料→修整→腌制→漂洗→整形→成品。

3. 操作要点

（1）选料　选用符合卫生检验要求的整齐肥大鲜鸭肫，作为加工的原料。

（2）修整　选好的鲜鸭肫沿进食孔中间剖开，除去内容物，刮去黄皮和肫外附着的油皮，再用少量食盐进行抹擦、搓揉，清水漂洗，直至无污物、无异味，沥水。

（3）腌制　用部分精盐将鸭肫逐个抹擦，放入容器中腌制 1d，取出沥去卤水，再放入另外容器中，加入辅料，拌匀，腌制 2d，其间翻缸几次，起卤。

（4）漂洗　腌好的鸭肫再用清水漂洗，去净杂质和污物，沥干水分。

（5）整形　沥好水分的鸭肫，取下，整形。将鸭肫平放在案上，将鸭肫两片凸起的肌肉压平即可。

（6）成品　每 10 只穿成一串。晒至七成干，用右手掌后部用力压搓 2～3 次。芜湖腊味鸭肫，产品整齐，色泽黑亮，滋味鲜美，脆而耐嚼，越嚼越香，佐酒佳肴。

十一、腊香板鹅

1. 原料配方

鹅坯 100kg，清水 100kg，食盐 15～18kg，老姜 250g，桂皮 180g，八角 150g，花椒 120g。

2. 工艺流程

制坯→整形→盐卤→浸腌→晾干或烘干→成品。

3. 操作要点

（1）制坯　挑健壮无病、肌肉丰满、不见胸骨、体重不低于 3kg、一年内的肥仔鹅。宰前一天禁食，供足饮水，以免鹅肉出现充血现象。宰杀时割断气管、食道、血管，放尽余血后，先拔掉绒毛，再放入 70～90℃热水中，充分搅动、浸透，脱尽羽毛。接着洗涤 2～3 次，去除血迹、皮屑及污物，使表皮洁净。

（2）整形　经宰杀、放血、浸烫、脱毛后，从胸至腹剖开，去除气管、食管、内脏，再放入清水中浸泡 4～5h，漂净残血，取出沥干。鹅体放置于桌上使其背向下，腹朝上，头颈卷入腹内，用力压平胸部的人字骨，致鹅体呈扁平椭圆形。

（3）盐卤　将花椒、八角碾成细粉，拌入适量精盐一同放入锅内微火炒干水分，擦在整形后的鹅体上。涂抹胸腿部肌肉，厚处时须用力，让肌肉与骨骼受压分离，抹盐后逐只依序放入缸中腌制，在最上层撒一层盐末，腌制 16～20h。待卤透后便可出缸，沥尽血水，必要时须倒缸，进行复卤 6～8h。

（4）浸腌　按配方配料，先配制浸腌液，按配方先将食盐加入水中，煮沸，使盐水成饱和溶液。然后加入其余香辛料，把出缸后的鹅坯转入腌缸，逐只堆放妥当后用竹片盖严，再用石块压紧，加进浸腌液，使鹅坯全部浸没在腌制液中，浸腌 24～32h。

（5）晾干或烘干　浸腌出缸的鹅坯用清水洗净沥干，拉直鹅颈，两翅展开，用 3 块软硬适当、长短适合的竹片分别撑开鹅的胸、腰、腿部，使其呈扁平形状，整齐排列挂于架上，置阴凉通风处干燥即可。或将鹅胚洗净拭干，拉直鹅颈，两腿展开，用软硬适度、长短恰当的竹片 3 块，分别撑开鹅的胸、腰、腿部，使其呈扁平形状，挂于架上，置阴凉通风处干燥。送烘房或红外烤箱烘干，即得成品。

十二、 腌鹅肫干

1. 工艺流程

原料处理→腌制→晾晒、整形→贮存→包装。

2. 操作要点

（1）原料处理　从肫右侧的中间用刀斜形剖开半边，以刮去肫面的一层黄皮和残留的食物。用清水洗净内外，为了洗净肫内脏物，可用少量盐轻轻在肫内擦去酸臭余物。如清洗不干净，酸臭气留在肫内，会影响成品的质量。

（2）腌制　肫洗干净后用食盐腌制，每 100 只肫用盐 0.75g，经 12～24h 即可腌透。取出后用清水洗净附着在肫上的污物及盐中溶解下来的物质，用细麻绳在肫边穿起来，每 10 只一串。

（3）晾晒、整形　在日光下晒干，一般需 3～4d，晒至 7 成干时取下整形。整形的方法是把肫放在桌子上，右手掌后部放在肫上，用力压扁搓揉 2～3 次，使肫的 2 块较高的肌肉成扁形。压扁整形的作用是改善外观，并使肫易干燥，便于运输。

（4）贮存　腌制好的成品，晾挂在室内通风凉爽处保存，挂的时间最多为半年，也可保存于缸中，以减少水分蒸发和降低氧化速度，也可采用塑料袋抽真空包装贮存。

十三、腊鸡

1. 原料配方

鸡坯（鸡形完整，带骨，干净）50kg，盐 2.5kg，白糖 0.75kg，精硝 200g，酱油 500g，白酒 750g，混合香料适量。

2. 工艺流程

原料修整→腌制→烘烤→保藏→成品。

3. 操作要点

（1）原料修整　宰杀前鸡停食 12h，宰杀放尽血，用热水 70～80℃淋烫，拔除粗毛，再放入水盆内，用夹子拈除细毛根，冲洗干净；用刀从腹部切开（也有从臀后开孔的），取出内脏，特别是不易取的肺脏，再斩去脚爪、翅膀即成鸡坯。

（2）腌制　将辅料拌匀涂抹在鸡坯上，面面俱到，里外均粘，否则吃料不到或吃料少的地方易变质。抹好后，入缸腌制，共腌 32h，中间上下移位，翻缸 2 次，以使辅料充分浸渍。

（3）烘烤　腌好的鸡坯用麻绳系好（从腹部开膛的，可系在腿上；从臀部开孔的，可系在头上），晾干水汽，送入烘房烘烤约 16h，待质地干硬即可出炕。

（4）保藏　悬挂在通风不潮的地方，并常用文火细烟熏炙，可保质 2～3 个月。

（5）成品　腊香浓郁，油润味鲜，质地细腻，色泽金黄，造型美观。

十四、湖北腊鸡

1. 原料配方

光鸡（整只）2kg，精盐 1.25kg，白糖 0.35g，硝酸钠 1g。

2. 工艺流程

原料整理→腌制→烘制→成品。

3. 操作要点

（1）原料整理　准备做腊鸡的活鸡宰杀前应停食 1h，这样能提高腊鸡的产品质量和延长贮存时间。宰杀后用 70℃左右的热水煺去粗毛，然后于温水内用夹子夹除细毛，再用清水冲洗干净并除去内脏、脚爪、翅膀。

（2）腌制　将以上配料充分混合，用手均匀地涂擦于鸡体上，尤其注意体腔内要充分擦匀，在鸡嘴内和颈部放血口内可多撒些配料。然后平铺于缸内腌制 32h，中间翻缸两次，以使鸡体充分腌透。

（3）烘制　将腌好后的鸡体用麻绳系好，准备烘制。从腹腔开膛的，麻绳可系在腿上，从尾端开膛的，麻绳可系在头上，这样有利于膛内积水流出。然后把已系好绳的鸡体挂于院内晾干水汽，以便于烘制。最后移入 55℃左右的烘房连续烘制 16～18h，待鸡体表面烘至用手触之有干硬感，并呈金黄色时取出，即为成品。

（4）成品　由 1.5kg 以上的肥母鸡或阉鸡经腊制而成，表面颜色金黄，质干味鲜，腊香浓郁，是我国广大城乡人民十分喜爱的一种腊制品。

十五、 广州腊鸡片

1. 原料配方

鸡胸部肉及大腿肉 50kg，白糖 1.9kg，精盐 1.25kg，酒 0.65kg，酱油 2.5kg，硝酸钠 0.1kg。

2. 工艺流程

原料整理→腌制→烘制→成品。

3. 操作要点

（1）原料整理　将毛鸡屠宰和修整干净后，分左右两侧，带皮剖下鸡胸脯肌肉、大腿部肌肉及尾部肌肉。根据肌肉的部位和大小，下刀割时应分别割成椭圆片或圆片。

（2）腌制　将割好的片肉放入已经混匀的上述配料中腌制 4h，每小时应翻缸一次。

(3) 烘制　将已腌制好的片肉平铺在能沥水的竹筐上，直接送入55℃左右的烘房中连续烘制16h，待鸡片肉的表面略干硬并呈金黄色时即成。也可白天放在太阳下暴晒，晚上转入50℃的烘房内烘制，连续3d即成。

(4) 成品　成品为椭圆形薄片，色泽呈鲜明金黄色，味鲜肉嫩，香甜可口。

十六、成都元宝腊鸡

1. 原料配方

全净膛光鸡5kg，精盐350g，花椒70g，五香粉15g，胡椒粉15g。

2. 工艺流程

选料→宰杀→修整→腌制→整形→定型→风干→成品。

3. 操作要点

(1) 选料　选用符合卫生检验要求的膘肥脯满的新鲜嫩活母鸡，作为加工的原料。

(2) 宰杀　选好的活鸡经宰杀，放血，煺毛，去净头部和鸡体的绒毛，成白光鸡。

(3) 修整　光鸡去足、老皮和喙壳，剖腹，取出全部内脏，洗净血污，再在鸡背上开一个6cm长的口。

(4) 腌制　精盐和花椒一起炒热，冷后加胡椒粉、五香粉调匀，擦遍鸡体内外。腹腔、放血口和嘴内要多抹擦一些，然后平放于缸中腌制72h，中间翻缸1次。

(5) 整形　腌好的鸡体出缸，洗去鸡体上辅料的渣滓，切去翅尖和脚爪，折断鸡腿拐骨，将双脚交叉用细绳扎紧，将麻绳从腹下开口处穿入，将双脚拉入腹内，再用麻绳由鸡鼻孔穿过把头扳弯，从背上开口处拉入腹内，与扎脚麻绳系在一起。双翅反扭向背上，用小棍棒将背上小口撑开，即成元宝状的鸡坯。

(6) 定型　做好的鸡坯放入沸水中浸烫，使鸡皮伸展定型。

(7) 风干　经过沸水烫的鸡坯放在阴凉干燥通风处风干，不能在太阳下暴晒，以免走油，一般挂晾一周左右即为成品。

(8) 成品 造型美观，形体丰满，皮色黄亮，皮香肉嫩，色泽红润，鲜美可口，回味浓郁，馈赠佳品。

十七、南宁腊鸭饼

1. 原料配方

光身鸭 5kg，精盐 100g，酱油 200g，白糖 60g，姜汁 5g，五香粉 20g，硝酸钠 1g。

2. 工艺流程

选料→整理→腌制→晾晒→成品。

3. 操作要点

(1) 选料 选用每只 2kg 重的肥嫩活鸭，经宰杀、放血、煺毛，清洗干净，制成光鸭。

(2) 整理 光鸭除去内脏，剁去鸭翼、鸭脚、鸭嘴，再用刀将整只鸭鸭骨剔除。

(3) 腌制 剔骨的鸭体加酱油、精盐、白糖、硝酸钠、姜汁和五香粉，混拌均匀，腌制 6h，每隔 3h 翻拌一次，使鸭肉入味。

(4) 晾晒 腌好的鸭体铺在竹筛上晾晒 3d，至鸭体干透，即为成品。

(5) 成品 色泽鲜明，皮色金黄，鸭肉鲜红，皮甘肉香。

第四节 腌腊海产品加工

一、腌腊熏鲱鱼片

1. 原料配方

(1) 咸味调味液 鱼肉 100 份，水 100 份，食盐 5 份，白砂糖 1 份，味精 0.5 份，核苷酸 0.1 份，白胡椒 0.1 份。

(2) 酱油味调味液 鱼肉 100 份，水 6 份，酱油 23 份，粗糖 12 份，饴糖 8.6 份，味精 0.1 份，胡椒 0.1 份，姜 0.1 份，甜菊糖 (10%) 0.1 份。

2. 工艺流程

原料处理、清洗→开片→调味、浸渍→干燥→熏干→罨蒸→整形→包装→成品。

3. 操作要点

(1) 原料处理　切除头部，开腹除去内脏后清洗干净。

(2) 开片　开片，除去中骨及腹鳍，再开成小片。

(3) 调味、浸渍　将鱼肉在预先配制好的调味液中浸渍1夜。

(4) 干燥　生产咸味制品时，冷风烘干机20℃干燥1d；生产温熏或冷熏制品时，20℃烘干1～2h。

(5) 熏干、罨蒸　罨蒸：将已七八成干的水产品堆放一定时间，让水分由内部向表层扩散，以便其继续干燥的方法。用樱木等熏材熏干。生产温熏制品时，先用30～40℃熏1h，接着用50～60℃熏1h，再用80～85℃熏干30min，自然冷却后置于密闭容器罨蒸1夜；生产调味冷熏制品时，用20～25℃连续熏3d（每天熏8h)，熏干后置于密闭容器中罨蒸1夜。

(6) 包装　真空包装。调味鱼片的水分含量为25%。

二、 腌腊橡皮鱼脯

1. 原料配方

(1) 原料　新鲜橡皮鱼2kg，醋酸20g，白糖50g，酱油50g，精盐20g，味精10g，黄酒50g。

(2) 香辛料　茴香20g，甘草20g，花椒20g，桂皮20g，红辣椒粉150g，丁香50g。

2. 工艺流程

原料处理→浸酸→漂洗→调味浸渍→烘烤→包装→成品。

3. 操作要点

(1) 原料处理　将新鲜橡皮鱼剖腹去内脏，洗净腹腔后去皮，分割成条块状净鱼肉，然后切成截面2mm×3mm左右的肉条，再沿肌肉纤维平行切成2mm薄片。若鱼肉色较深可用1倍量5%浓度的盐水漂洗5～10min，使部分血溶于盐水而脱去，然后用清水漂去血污。

(2) 浸酸　将鱼片放在耐酸容器内，加入其重1.5%～2%的食用醋酸或加冰醋酸0.5%～0.7%（用1倍量清水稀释），边加边搅拌，至鱼肉均匀受酸后浸渍30min左右即脱去氨味，使pH值达5～6为止。

(3) 漂洗　浸酸后的鱼肉，要用大量清水漂洗脱酸，直至接近中性，即可离心脱水，或用重力压榨法脱去部分水分，使鱼肉容易吸收调味液。

(4) 调味浸渍

① 香料水的配制　取茴香、甘草、花椒、桂皮各20g，红辣椒粉150g，丁香50g，洗净，加水9L，煮剩3.3L左右，用纱布过滤，去渣备用。

② 调味液配制　先将香料水放在锅内，加白糖、酱油、精盐，边煮边搅拌，待煮沸溶解后，再加入味精，搅匀放冷后加入黄酒备用。

将脱水后的鱼肉片，放在调味液中浸渍2h左右，捞起沥干。

(5) 烘烤　将沥去调味液的鱼肉片，平整地摊放在晒网烘架上，在60～70℃温度下烘至六七成干（或晒干），然后逐渐升温至100～110℃焙烤至9成干，以带有韧性为度。

(6) 包装　成品自烘房取出，自然冷却至室温，然后用聚乙烯袋定量包装，严密封口（或用复合薄膜真空包装），装入内衬防潮纸板箱，贮藏于阴凉干燥处。

三、腌腊珍味鱼片

1. 原料配方

鱼片100%、白砂糖10%～12%，精盐3%～4%，味精2%。

2. 工艺流程

原料整理→漂洗→沥水→调味→摊片→烘干→揭片→烘烤→滚压拉松→检验→包装→成品。

3. 操作要点

（1）原料整理　将马面鱼去头、皮、内脏或将冻马面鱼块放在灌满水的解冻槽中，通入高压空气，使水激烈起泡翻滚，进行解冻。一般 $2m^3$ 槽 1 次可解冻 500kg 冻马面鱼块，解冻温度控制在 3～10℃，1h 可完全解冻。

（2）剖片　解冻后，将鱼体洗净剖片。剖片刀为扁薄狭长尖刀。我国一般剖法是从鱼尾端下刀剖至肩部，而日本一般由肩部剖至尾端。剖片后将黏膜、大骨块、尾、腹、背鳍、碎渣及根部红肉、杂质、淤血肉等鱼片拣出，以免影响成品质量。

（3）漂洗　漂洗是提高制品质量的关键。国内常用的漂洗法是将鱼片装入筐内，将筐放置在漂洗架上，循环漂洗，或者将鱼片倒入漂洗槽中浸漂，溶去水溶性蛋白，洗掉血污和杂质等。

国外是将漂洗槽灌满自来水，倒入鱼片，然后开动高压空气泵。由于高压空气的激烈翻滚，使鱼片在槽中上下翻动。这种空气软性搅拌，既不伤鱼片，又可加速水溶性蛋白的溶出和淤血的渗出，也降低了用水量。一般冷冻鱼片漂洗 2h，鲜鱼片漂洗 4h 左右。经这样漂洗的鱼片色白，肉质较厚且松软。将漂洗好的鱼片，捞出放在竹篓或塑料篓中沥水。

（4）调味　按 50kg 鱼片计，配方为：白砂糖 2.5～3kg，精盐 1kg，味精 0.5kg，手工翻拌均匀后，静置腌制 1～1.5h（每隔半小时左右翻拌 1 次，温度控制在 15℃左右）。调味的改进方法可采用可倾式搅拌机进行。该机转速为 60 转/min，每次投料 60kg，加入调味料 2～3min 后即可搅拌均匀。

（5）摊片　调味渗透后的鱼片，摊在烘帘上烘干（或晒干），摆放时片与片间距要紧密，片形要整齐抹平，使整片厚度一致，以防爆裂。相接的两鱼片大小要适当，鱼片过小时可 3～4 片相接，但鱼肉纤维纹理要一致。

（6）烘干　调味后的鱼片，采用人工烘干或日光晒干，或采用自然干燥和人工干燥相结合的方法。目前一般大多采用干燥机进行烘干。烘干机的始温应控制在 30～35℃，热风进口温度在 40℃左右。始温低些，可使鱼肉水分慢慢向表面扩散，表面不易结壳。温度过高时，表面形成干壳，影响水分向表面渗透，会延缓干燥时间，使产品质量受损。烘干的终温以不超过45℃为宜。

（7）揭片　烘干后的鱼片，及时从烘帘取下，即为调味马面鱼干（生干片）半成品。若以生干片出口日本，则需按要求进行分规格包装，检验，入冷库冷藏待运。

（8）烘烤　将调味生干片摊放在烘烤机上烘烤，温度控制在160～180℃。从进料到出料，物料在烘烤机中做匀速运动，烘烤时间根据鱼片厚度确定，一般全过程需1～2min。

（9）滚压拉松　鱼片烤熟后趁热在滚压机中滚压拉松，温度在80℃左右，滚压时鱼片的含水量最好在25％～28％压辊的间距，压力根据烘烤鱼片厚度调整；两辊速度差应适当，若传动比太大，会把鱼片撒碎；若传动比为1∶1的时候，则失去了滚压意义。滚压后制品肌肉纤维疏松均匀。

（10）检验包装　珍味烤鱼片经挑选检验后，进行称重包装。一般采用聚乙烯袋，以聚丙烯塑料袋为佳。

四、安康鱼干鱼片

1. 原料配方

鲜鱼片100％，食盐15％～20％。

2. 工艺流程

原料选择→剖割→腌渍→刷晒→成品。

3. 操作要点

（1）原料选择　原料以新鲜安康鱼为宜，鲜度较差但无腐败气味、大小不一的均可加工。一般2kg以下者适宜剖割开片，冷冻或干制，2kg以上者剖割后，可将尾部肌肉剔下加工肉条。

（2）剖割　将冲刷干净的鱼体放在割鱼板上，腹面向上，头向人体，用刀自颈部开始，沿腹部中线切至尾部，再回刀切开鱼头，将两鳃割开，成为全开鱼片，取出内脏，再从肉面脊骨两侧各割一道渗盐线，即行腌渍。也可经过洗刷后再加工成冷冻品。

（3）腌渍　在地板上或鱼池中，层鱼层盐腌制，用盐量为鲜鱼片的15%～20%，经2～3d即可腌好。

(4) 刷晒　腌渍好的鱼片，用海水将黏液和其他污物全部洗刷干净，沥水后在草板或竹帘上平晒，先晒内面，待干燥一层硬皮后再行翻转当晒至六七成干时，收起垛压，以便整形和扩散水分。2～3d后，再重新出晒至全干为止。成品率一般在18%左右。

(5) 成品　质量要求体片完整、板平，肉面色泽淡青有白条，但无盐霜，气味正常，干燥均匀，干度在九成以上。

(6) 包装　采用机械打捆包装，外加草片捆扎结实，或用大筐包装。

五、腌腊鳗鲞

1. 原料配方

新鲜海鳗肉100%，精盐10%，浓度5%的醋酸5%。

2. 加工工艺

(1) 咸鳗鲞　原料→洗涤→剖割→腌渍→洗刷→出晒→包装。

(2) 淡鳗鲞　原料→洗涤→剖割→清腔→晾干→包装。

3. 工艺要点

(1) 咸鳗鲞的加工

① 原料　应选择鲜度较好的海鳗，其特征是色泽鲜明，肉质坚硬而有弹性，眼球突起有光，黏液多而透明，体表面无损伤。海鳗的生命力较强，在近海捕捞的海鳗，在回港后还能坚持10h以上成活。

② 洗涤　鳗鱼体表的黏液多，制作时很不方便，在剖割前需将黏液洗净。清洗时可在鱼体上搓擦部分细盐，可以加速洗涤。

③ 剖割　将鱼侧放于割鱼板上，头向人体，脊部向右，鱼头钩在割鱼板的尖钉上。右手持刀，自头部后下方沿脊骨的上面切入脊部，贯通腹腔，并贴脊骨直推切至尾部，在距尾尖5cm处向左斜切翻开，再回刀切开头骨，切头骨时，刀口要向中心稍偏一下，切至上额后部，但不能把上额切开。剖开后，先取鱼鳃（是加工鱼肚好原料），拉起内脏，用刀切断同肛门的连接处，向上直拉到鳃

部时，连同鳃一起摘掉，再用刀的后尖将脊骨内侧的贴骨血剔去，体形较大的鳗鱼，再将鱼头调转，尾部挂在尖钉上，用刀尖从尾部（距尾尖 5cm 处）插入朝头部推切，将脊骨向左边翻起（名为翻刺），使脊骨与背皮连接，注意不得将脊骨在颈后切断。剖割时的刀口要端正平滑。

④ 腌渍　腌渍时，先在缸或池底撒一薄层盐，再将鱼片摆进，左右之间以肉边压脊骨边，前后之间以头压尾 3cm 左右为准，层鱼层盐。撒盐时，斑体背、中部盐量要多些，头尾两端略带盐即可，总用盐量为鲜鱼片的 10%，腌渍 12h 左右即可。

⑤ 洗刷　将腌好的鱼片捞出、用海水或淡水漂洗干净，随捞随刷，不要浸泡时间太长。如果遇阴雨天不能及时出晒，可倒池加盐，但出晒前要适当掌握脱盐时间，以免含盐量高而影响成品质量。

⑥ 出晒　洗净沥水后的鱼片，采用挂晒或平晒，平晒摆在草板或竹帘上，先晒皮面。皮稍干后，再翻转晒肉面，一般晒 3d 左右，期间要进行翻转和整形。天气炎热时，要注意不得将肉面晒得泛油，以防脂肪氧化。晒至七八成干，收起来垛压整形，并扩散水分。2～3d 后，再晒至全干为止。成品率一般在 28%左右。

⑦ 包装　在包装以前应再出风一次，一般采用机器打捆，用蒲包或草片包裹，捆扎要结实，或者用长方形的条筐（竹筐）包装。

（2）淡鳗鲞的加工

淡鳗鲞是江浙一带冬春季盛行的制品。冬季和早春的鳗鱼肥满，含水量少，再加上气温低，风干力强，制品不易腐败，比较适宜加工淡鲞。

① 洗涤　选择个体较大，新鲜度好的鳗鱼，在海水中仔细洗刷，除去表面的黏液和污物，用干净的软布拭去表面水分。

② 剖割　同上面咸鳗鲞的加工。

③ 清腔　鱼体剖割后，尽量避免水洗，因为一经水洗，切开的肉面很易吸水，增加干燥难度，干燥时还易引起肉质变色。腹

腔内残留的血迹和其他污物可用洁净拧干水分的湿软布拭擦。如用经过稀醋酸（浓度5%的醋酸，生活中用的白食醋也可）浸渍而拧干的湿布进行拭擦，其效果更佳，将使成品表面格外洁净鲜艳。

④ 晾干　为使鱼片平整不曲和干燥迅速，可用竹片撑开或夹住后，再用绳穿缚头部，悬挂在通风阴凉处进行干燥，避免阳光直接照射，经7～10d后，即为成品。风干的优点在于水分蒸发缓慢，可控制脂肪外渗，大大减少了肉面的发黄油烧程度。成品含水量以30%左右为宜，过干会影响鱼品的风味，过湿则保存期不长。总之，淡鳗鲞的优点是较完整地保持了鳗鱼的原有营养成分，食用滋味鲜美别致；其缺点是贮藏期较短，尤其不能在高温存放。

六、腌腊熏青鱼片

1. 原料配方

（1）咸味调味液　鱼肉100%，水100%，食盐5%，白砂糖1%，味精0.5%，核苷酸0.1%，白胡椒0.1%。

（2）酱油味调味液　鱼肉100%，水6%，酱油23%，粗糖12%，饴糖8.6%，味精0.1%，白胡椒0.1%，姜0.1%，甜菊糖0.1%。

2. 工艺流程

原料鱼处理→开片→调味浸渍→干燥→熏干→罨蒸→整形→包装→成品。

3. 操作要点

（1）原料处理　切除头部，腹开除去内脏后清洗干净。

（2）开片　开片除去中骨及腹鳍，再开成小片。

（3）调味、浸渍　将鱼肉在预先配制好的调味液中浸渍1夜。

（4）干燥、罨蒸　生产咸味制品时，冷风烘干机20℃干燥1d；生产温熏或冷熏制品时，20℃烘干1～2h。

（5）熏干、罨蒸　用樱木等熏材熏干。生产温熏制品时，先用

30～40℃熏1h，接着用50～60℃熏1h，再用80～85℃熏干30min，自然冷却后置于密闭容器罨蒸1夜；生产调味冷熏制品时，用20～25℃连续熏3d（每天熏8h），熏干后置于密闭容器中罨蒸1夜。

（6）包装 真空包装。调味鱼片的水分含量为25%。

第六章 酱（封）肉加工

第一节 酱（封）肉工艺概述

一、工艺流程

此类产品包括清酱肉和酱（封）肉。清酱肉加工相对较为简易，与腊肉有许多相似之处。清酱肉加工方法，是将经卫生检验合格带皮去骨的鲜猪后腿肉修割干净，用水洗净，同辅料（食盐、花椒面、硝酸钠、大料等）一起放在容器内腌制，每天须把肉取出用重物压4～5次，使肉内血水彻底排净，经过数天，然后挂于通风处风干。存于室内不能透风，经过夏季到秋季即为成品。从开始制作到出成品，根据不同产品可需4～8个月时间。成品易于保管，贮存期1～2年，且携带方便，随时可以蒸、煮熟后食用。

酱（封）肉加工方法包括原料选择、修割整理、腌制、晾晒、烘焙等多道工序，尤其是烘焙较为考究。

工艺流程大致如下：原料选择与修割整理→腌制→晾晒、烘焙→成品保管。

二、操作要点

1. 原料选择与修割整理

经卫生检验合格的各品种和各部位的原料肉均可作原料，以猪肉为例，猪的前腿肉最为理想，上海产品则以不带奶脯的新鲜猪肋条肉（又称五花肉）作原料。把猪肉切成长条，每条重500g。以五花肉为原料，则是整片肉去骨，取其肋条，修去横膈肉与奶脯后切成33cm长、8cm厚的薄条。要求根条垂直，刀工整齐，厚薄一致，条头均匀，每千克约 6 条。在上端右边硬膘处用尖刀戳皮打眼，以便穿绳晾挂。

2. 腌制

把切成长条的猪肉放进容器，加精盐，用手拌匀后腌 24h，取出后用清水冲净杂质，沥去水分。把辅料调匀，取 2/3 与洗净的肉条一起放进容器中搅拌均匀，腌 3～4h。

生坯条用 40～50℃的温水洗涤，使硬膘发软，将水分沥干，以 50kg 生坯条为一单位，放在容器里，加入腌白坯的配料，用手搅拌均匀。每隔 2h 上下翻动 1 次，尽量使溶液渗透到肉条内部。腌制 6～8h 即可，拴绳要整齐划一。

3. 晾晒、烘焙

把腌好的肉条穿上麻绳，挂到竹竿上晾晒。待肉身晾至七八成干后，再将留下的 1/3 配料涂于其上，继续晾晒，直至肉条表面的配料被吸尽晾干，不粘手为止。接着用薄纱纸逐条包扎好，放进烘房，烘焙至金黄色时取出。最后逐条加封玻璃纸便成酱（封）肉。

酱（封）肉的晾晒地点依气候而定，冬季气温低，湿度小，可在晴朗日子拿到外面晾晒；春、夏季气温高，雨水多，湿度大，可直接送烘房烘焙。有的产品加工晾晒、烘焙工艺相当考究，例如上海酱（封）肉，分多次烘焙，第一次烘焙后需上酱，再进一步烘焙。其工艺步骤如下。

第一次烘焙　将腌制过的生坯串挂在竹竿上，每条距离 2～3cm，然后送进烘房，烘房温度应保持在 50℃左右。10h 后肉条表层发干变硬，即可移出上酱。烘房操作人员必须经常检查生坯的温度和湿度，如温度过高就会不断滴油，影响成品率；而温度过低，生坯又易产生酸味，影响质量。

上酱　豆瓣酱要事先按比例加入其辅料中拌匀，然后把肉条放入其中均匀上酱。每 100kg 肉坯用酱约 30kg。

第二次烘焙　上酱后的肉条用粗草纸包起来（留出绳头便于穿在棒上），用水草扎紧，再送入烘房进行烘焙（方法与温度要求与第一次相同），烘焙 15～20h，待表层豆瓣酱干硬时即可移出。

第三次烘焙　把用粗草纸包扎的肉条在温水里浸一下，使草纸发软后及时将草纸翻去，并逐条检查一遍，如发现漏酱要及时补上。然后再用薄玻璃纸包好，外扎两道绳，再送入烘房进行第三次烘焙(温度与前两次相同)。烘焙24h，待酱料与肉条均发硬，即为成品。

第二节　酱（封）肉加工

一、姚安封鸡

封鸡是我国云、贵、川等地的传统风味制品，以姚安封鸡最为有名。姚安封鸡是云南省姚安县地方传统风味名食，历史悠久，冬季季节性产品。

1. 原料配方

带毛鸡1000g，精盐120g，八角3g，草果3g，白胡椒1.5g。

2. 工艺流程

选料→宰杀→腌制→风干→成品。

3. 操作要点

(1) 选料　选用符合卫生检验要求的健壮肥嫩的活鸡，作为加工的原料。

(2) 宰杀　活鸡经宰杀，放血，不煺毛，从后下腹部中间开一小口，取出内脏。

(3) 腌制　全部辅料炒干，磨成粉，混拌均匀，再均匀地抹擦在鸡的腹腔、放血的开口及鸡嘴里，再将毛鸡腹部朝上，平放在容器内腌制2h左右。

(4) 风干　腌好的毛鸡用针线将刀口缝合起来挂在通风处风干，待鸡体表面肌肉吹至略干即成。

(5) 成品　姚安封鸡，整鸡带毛，头爪齐全。羽毛丰满，个体肥大，味道鲜美，肉嫩可口，别有风味。制作简便，易于保存。

二、腊封鹅

1. 原料配方

白条鹅 10kg，白糖 600g，豉油 400g，食盐 400g，干酱 200g，汾酒 200g。

2. 工艺流程

选料→腌制→晾晒→烘烤→成品。

3. 操作要点

（1）选料　选用 5～6kg 重的肥嫩肉鹅宰杀去毛，取出内脏，切去脚、翼，将胸部开边使鹅成为平面块状，清洗干净，控净水分。

（2）腌制　将各种辅料（干酱不放）搅拌均匀，将控净水分的鹅放在辅料中腌制一夜后取出。

（3）晾晒　用疏眼席摊开，放在阳光下晒至五成干后，用干酱涂均匀鹅体，用纱布封包后放在阳光下暴晒。

（4）烘烤　夜间放入烘房烘烤，经 5d 后即为成品，但需要 14d 后味道才能变得可口。

（5）成品　每只重约 1.5kg，味道甘酥，面香甜。

三、 腊封鹌鹑

1. 原料配方

鹌鹑 5kg，精盐 500g。

2. 工艺流程

选料→腌制→晾晒→成品。

3. 操作要点

（1）选料　将鹌鹑宰杀，去毛洗净，除去内脏。

（2）腌制　整理好的鹌鹑用盐水腌制 1d，然后再用清水浸透，冲洗干净，以减轻盐咸味。

（3）晾晒　腌制好的鹌鹑用木板压平，置于强烈阳光下暴晒 4d，即为成品。

四、 腊封禾雀

1. 原料配方

禾雀 1kg，精盐 100g。

2. 工艺流程

选料→腌制→晾晒→成品。

3. 操作要点

（1）选料　将禾雀宰杀，去毛摘除内脏，清洗干净。

（2）腌制　禾雀用盐腌制 7～8h，然后用清水浸透，冲洗干净，以减轻其盐咸味。

（3）晾晒　腌制好的禾雀用木板压平，置于阳光下暴晒 3h 即为成品。

五、江苏吴江酱肉

1. 原料配方

（1）原料　选择新鲜的连皮带骨猪肉（腿肉、肋条）、蹄子等均可。

（2）配料　每 100kg 鲜肉，用食盐 5～6kg，赤酱油 20kg 左右。

2. 工艺流程

（1）腌制→浸制→晾晒→成品。

（2）浸制→风干→成品。

3. 操作要点

（1）方法一　第一种先腌后浸。

① 腌制　将鲜猪肉先用食盐均匀搓擦后放入盛器内。上面压以重物，经过一周后取出。

② 浸制　用清水洗去肉面盐粒和血污，待晾干后放进缸内，随即加进赤酱油（以肉面不露出为原则），浸腌 10d 左右。

③ 晾晒　当肉呈酱褐色时，即可取出挂在室外阳光下晒 7d 左右，见肉已干缩，表面及肥膘处略有油分渗出，切开断面，膘白晶亮，肉色深红，即为成品。

采用此法腌制的酱肉，保管时间较长，每年“冬至”以后至次年“春节”前加工的产品，一般可以存放到“清明”前后仍保持色、味不变。如在酱肉外部涂上一层黄豆酱或蚕豆酱，贮存时间可延长到“夏至”前后。

(2) 方法二　第二种为酱油浸制。

此法除省去盐腌一道工序外，其用酱油浸制的方法和过程与第一种方法相同，但这类酱肉不宜存放过久，一般只能存放至春节。

酱肉晒透成熟后，应挂在室内通风处，不要包扎或盛于容器内。遇到长时间阴雨天气，酱肉返潮或肉面出现霉点时，要待到晴天把酱肉挂于室外晒1～2d便可恢复正常。

第七章　风肉加工

第一节　风肉工艺概述

一、 工艺流程

风肉就是风干了的咸肉，是一种相当古老的腌腊肉。风肉产于苏、浙一带，有北风肉和南风肉之别。北风肉系指江苏省如皋、常熟、泰兴一带的产品；南风肉则指浙江省金华、兰溪、东阳、永康、义乌等地的产品。北风肉与南风肉的差别不完全在产地上，两者所用的原料也不相同。北风肉的原料是选去后腿的半边白条肉，而南风肉原料则选用猪前腿，故此风肉又称“风腿”。风肉一般在立冬加工翌年端午节前后上市，与咸肉、火腿一起，成为夏令商品。现以北风肉为例，介绍风肉加工方法。

工艺流程大致如下：原料选择→整修→腌制→洗晒→贮存、发酵→品质鉴定。

二、 操作要点

1. 原料选择

原料要求经兽医卫生检验人员的宰前、宰后检疫，确认为符合《食品卫生法》和四部《兽医卫生规程》要求。

选择作风肉的原料要求细皮、细爪，肥度中等，皮管脂肪厚度（即第七根肋骨间皮下脂肪厚度）要求在1.5～2.5cm，最多不得超过3cm，否则不宜作风肉原料。

2. 整修

肉尸必须挂晾10～12h，肉与肉之间必须保持一定间距，便于通风散热。充分冷却后进行如下修割整理。

第一刀：卸去后腿，作为制作火腿的原料。

第二刀：割去血槽与下层油膜，使盐撒在肉上易渗透到肉的深部。

第三刀：割平胸骨与第一根肋骨，并修割整齐，另外，要抓清碎油。

第四刀：割去所谓里膜肉（即膈肌），俗称蒙心肉。

第五刀：割齐劲肉，俗称割去槽头肉，并切除齐正。

第六刀：割去卸肚刀口边肉，且需修割整齐；胸骨劈得不宜深，但要两边修平，修深了则出现裂口，洗晒时易灌进生水，容易引起肉品变质。

3. 腌制

腌制俗称进缸房，上盐台。总用盐量，以每 100g 风肉坯计，用盐 12～14g，分多次上盐。

第一次用盐称上小盐，又称出血水盐，用盐量为总盐量的 2%～2.5%。

第二次用盐称收缸盐，又称上大盐，用盐量为 4%～4.5%，经第一次用盐后 1d 进行。

第三次用盐称复盐，用盐量为 2.5%～3%，经第二次用盐后 3～4d 进行。

第四次用盐又称翻缸盐，用盐量 2%～2.5%，经第三次用盐后 4～5d 进行。

第五次用盐又称翻二缸盐，用盐量 1.5%左右，经第四次用盐后 5～6d 进行。

风肉坯经过磅后进入缸房，未用盐前切不可堆叠，不然会因肉与肉之间的聚热，影响肉的品质。进入缸房的肉坯，应及时上盐。

上盐时先用盐擦皮，挤清胸骨处血管内余血，撒上一层薄皮盐（即撒小盐），盐要摊开，前夹心部位要稍多，逐片摊放或放堆。

风肉收缸时缸脚不宜太宽，以三片肉的宽度为宜。堆叠时平端轻放，上下对齐，堆叠后不要移动。缸心要饱满、平整，不斜倒。

4. 洗晒

洗刷风肉前应掌握气候情况，宜选择晴天，结合风向，分批泡洗。泡水时间 16～18h，前后清水洗 3 次，泡水时间还要根据腌制程度而灵活掌握。

洗清肉面、皮面、边缘及爪的缝隙杂物、污物；刮净皮面的沾污、余毛。洗后的肉必须上午上架，上架时用毛巾揩去肉片上所有水分，待皮面水分干后，盖上工厂印戳和兽医卫生检验印讫。风肉边晒边捏弯前爪，修平槽头肉，日晒 7～9d，整形后进仓。

5. 贮存、发酵

作为贮存风肉的仓库应高大宽敞，窗户较多，达到通风流畅的要求。按照库的大小，搭好数层木架，风肉进仓必须悬挂于木架上，每片风肉之间的距离在 10cm 左右。挂得太密，不易透风，影响产品质量；挂得太稀，浪费仓容，影响经济效益。

风肉的仓库应做好消毒卫生工作。风肉进仓时应边收边挂，挂时要求肉面朝外，皮面向里。风肉在保管期间应及时掌握气候变化，如天气干燥，又是西南风，窗户一律打开；东北风时天气潮湿，必须紧闭门窗，以防潮气侵入，还必须调节气温，保证产品质量。如在风肉上发现毛虫，可刷涂菜油。风肉挂至 5～6 月份前就必须调拨销售处理。

风肉的保管实质上也是发酵过程。发酵期间，肉中脂肪和蛋白质在其分解酶的作用下，发生一系列的生物化学反应，使肉质成熟并产生香味。风肉从腌制至成品一般需 5 个月，在端午节前后上市，成品率约为 68%。

南风肉的加工方法与北风肉大部分相同，只是在原料修割上有些差别。南风肉是用猪前腿做的，要求将腿修成长方形，两边相等，肉面宽度以 18cm 左右为宜，将冲背线刀口连膘带皮割下，修去血刀肉、护心油，抽出脊髓，修平腿部夹裆上的边肉和凸出的胸椎骨，切面平整美观。

第二节 风肉加工

一、风鹅

1. 风鹅配方

净鹅肉100kg，盐5～6kg，花椒0.1～0.2kg，五香粉0.1kg，硝酸钠0.05kg。

2. 工艺流程

选料→宰杀放血→去内脏→抹料腌制→风干→熟化→成品。

3. 操作要点

(1) 选料　制作风鹅选用健康无病、羽毛绚丽、雄壮健美的鹅，其中以公鹅或野鹅最佳。

(2) 宰杀放血　采用口腔刺杀法，尽量放尽血液。

(3) 去内脏　在颈基部、嗉囊正中轻轻划开皮肤（不能伤及肉），取出嗉囊、气管和食管，在肛门处旋割开口，剥离直肠。取出包括肺的全部内脏。特别注意操作卫生，不能把羽毛弄脏弄湿，再用手轻轻将皮、肉分开，以暴露出胸脯肉、腿肉和翅膀肉为度，而颈端、翅端、尾端和腿端的皮肉应相连，不能撕脱。

(4) 抹料腌制　把辅料粉碎混匀，涂抹在鹅体腔、口腔、创口和暴露的肌肉表面。然后平放在案板上或倒挂腌制3～4d，不能堆叠，以便保护羽毛。

(5) 风干　用麻绳穿鼻，挂于阴凉干燥处，经半个月左右的风干即可，风干类型如下。

① 冬季利用外界自然环境风干季节性生产（小雪～立春），风干后以生风鹅销售为主和熟化整只成品真空包装销售。

② 使用室内控温、控湿和吹风，流动风干线加工，四季不均衡，全年生产，风干后立即熟化真空包装上市销售。

③ 冬季采用自然风干，夏季实行热烘风干，产品易氧化，不耐藏。

(6) 熟化

① 比较多的厂目前采用蒸汽夹层锅预煮→真空包装→加压高温杀菌→常温销售。

② 自动控温提篮煮制锅煮制熟化→真空包装→巴氏杀菌→急冷→冷藏保存→冷链销售，或煮制熟化→微波增效剂处理→真空包装→微波杀菌→急冷→常温保存与销售。

③ 自动控温煮制槽煮制，自动流水线熟化→冷却→真空包装→巴氏杀菌→急冷→冷藏→冷链销售，或自动流水线熟化→微波增效剂处理→真空包装→微波杀菌→急冷→常温保存与销售。

4. 注意事项

(1) 目前风鹅产品存在的主要问题

① 亚硝酸盐用量不准、超标，肉红失真。

② 采用高温杀菌产生蒸煮异味，破坏风鹅故有的特色香味。

③ 对当年鹅（非老鹅）采用所谓嫩化处理，加大脱水风干难度，致使产品嫩而不够香，失去风鹅产品应有的风味。

④ 部分生产厂家生产的风鹅存在的问题　一种是风干期短，风干脱水产香不足，香味不浓；另一种是风干过度，肉味太咸；还有一种是腌制时间过长，盐量过大、肉味太咸。

(2) 风鹅发展趋势

① 由自然风干季节性加工生产逐步趋向全程控制、室内风干，全年均衡生产。

② 由常温变温腌制逐步趋向恒温（0～4℃）、恒时腌制。

③ 传统的缸或池腌制逐步被全不锈钢、干腌车、卤腌槽（带提篮吊提式整件下、起）腌制所替代。

④ 加硝盐发色由现行失控运行逐步向低硝严控和无硝取代物方向发展，从根本上解决有害致癌物质对风鹅的影响。

⑤ 由传统干腌、卤腌法逐步向科学干腌、卤腌和西式注射辅助液混合腌制法发展。

⑥ 熟化由现行多数厂家采用的高压高温熟制逐步向常压、低温熟化发展，从根本上解决高温蒸煮异味对产品的不良影响，确保该产品纯真浓郁腊香味。

⑦ 熟化加工设备由煤灶锅、蒸汽夹层锅逐步向全自控电子显示的电热或汽热提吊篮式煮制锅（中小型厂）和全自控吊挂式自动化煮制槽式流水线生产（适合整只大批量规模化生产）的方向发展。

⑧ 产品保鲜保质由现行高温熟化常温销售逐步趋向：真空包装→巴氏杀菌→急冷，在冷链条件下贮存销售；熟化后采用微波增效剂处理→真空包装→微波杀菌→急冷，常温保存和销售（保持期高达 3 个月以上）。

⑨ 产品外形由现行整只带头颈翅爪腌制、风干、熟化逐步向西装鹅（去头颈翅爪）腌制、风干、熟化整只、半只、分割系列化小包装产品发展。

⑩ 产品生熟并存，以熟为主　生风鹅向防霉、防氧化新技术应用发展；熟风鹅向小包装系列化绿色食品方向发展。

二、 湖南风鸡

1. 原料配方

带毛肥鸡 10kg，精盐 150g，白糖 100g，硝酸钠 5g。

2. 工艺流程

选料→腌制→风干→成品。

3. 操作要点

(1) 选料　选择当年肥鸡，鸡被宰杀前应停食 12h，使鸡排净肠里的粪便，宰杀后不要去毛，只在肛门处开一小口，取出内脏，用清水洗净腹腔。

(2) 腌制　将精盐、白糖、硝酸钠混合均匀，涂抹鸡腹腔，腌制 1d。

(3) 风干　腌制好的鸡再用黄泥连皮带毛紧紧裹住，悬挂在干燥通风处，任其自然风干 20～30d，即为成品。

三、 成都风鸡

1. 原料配方

空腹毛鸡 10kg，食盐 600～700g，白糖 100～150g，花椒 20g，

五香粉 10g，硝酸钠 5g。

2. 工艺流程

选料→宰杀→修整→充填→腌渍→风干→成品。

3. 操作要点

(1) 选料　选用健康雄壮，羽毛绚丽，尾长，躯体肥大，体态高昂，单只重 1500g 以上的公鸡或阉鸡为加工原料。

(2) 宰杀　选好的活鸡在颈部割断动脉，放净血，保留羽毛。

(3) 修整　放净血的鸡，在其颈基部左侧或右侧用刀开一小孔。取出软硬喉管、气管；然后在肛门附近旋割创口，割去肛门，扯出直肠及全部内脏。

(4) 充填　辅料拌匀，取少量先腌擦切口，并塞入喉部、口腔，顺颈向下理；再用小刀从腹内伸进，在鸡腿部开个小口，用一小撮辅料擦入开口中，再用手在体腔内反复抹擦均匀，同时用 1～2 块木炭放在体腔内吸收水分。

(5) 腌渍　把鸡脚倒挂或平放在案板上，腌渍 3～4d。

(6) 风干　腌好后再用绳穿鼻孔，挂在阴凉通风处，经 15d 风干即成。

(7) 成品　羽毛艳丽，有长尾毛，鸡形完整，肉质鲜嫩，腴美味厚。

四、长沙南风鸡（鸭）

1. 原料配方

鸡（鸭）500g，食盐 20g，白糖 15g，花椒 1g，明矾 0.1g。

2. 工艺流程

选料、宰杀→修整→浸泡→整形→风干→成品。

3. 操作要点

(1) 选料、宰杀　选用健康无病、肥壮的活鸡（鸭），作为加工的原料，选好的活鸡（鸭）宰杀，放净血，去毛后，洗净。

(2) 修整　净鸡（鸭）体平放在案板上，用小刀从肛门起至颈部止沿中骨划破胸皮，再沿划线偏左切开胸腔，取出内脏，洗净血污。敲平背骨，切去腿、翅两关节以下部分（翅可挽在背上），成鸡（鸭）坯。

（3）浸泡　辅料混拌均匀，擦遍全身，再平放在缸内，用重物压实，两天后，上下倒换1次，并加含盐量为2%的凉开水盐液，浸泡1d。

（4）整形　浸泡好的鸡（鸭）出缸，把颈部向右挽成圆形，并用麻绳穿入鸡的鼻孔，扎在鸡身右侧边缘（鸭不穿鼻，把腿插入鸭头下颚），再穿透左边胸骨处，扎好。

（5）风干　扎好的鸡（鸭），挂于干燥通风处，其间进行多次整形，一般10d后即成。

（6）成品　长沙风鸡（鸭），外形美观，肌肉饱满，肉质细嫩，味香回甜。

五、南京琵琶鸭

1. 原料配方

鲜光鸭10kg，精盐1300g，小茴香40g。

2. 工艺流程

选料→原料修整→腌制→整形→风干→成品。

3. 操作要点

（1）选料　选用肥壮的活鸭，经宰杀，放净血，煺净毛羽，清洗干净，成白光鸭。

（2）原料修整　鸭经宰杀、煺毛后，用刀自胸骨到肛门处切开。扒开胸旁两块胸肌，露出胸骨。将胸骨割去，并除去食管、气管和内脏。把鸭子投入清水池中浸泡1h后，捞起沥干。

（3）腌制　用盐50～100g均匀地擦遍鸭坯内外，经2h腌制后，除去血卤，再将鸭坯浸入盐卤水中腌制6～8h取出。盐卤水的配制是用清水50kg，加盐25kg，放锅内煮沸、过滤，待冷后加入适量细姜、葱和碎八角即成。

（4）整形　将鸭坯从卤缸里取出放桌上，用木板或菜刀压平鸭胸部肋骨，取5根竹片，2根斜向将鸭胸腹腔撑开，1根自颈胸至鸭肛门中央撑住，其余 2 根将鸭胸腹腔横向撑开。鸭头颈向右侧弯转，压于右翅下，头紧贴右腿。整好后，挂起或平放于筛子上，晒 2～3 天，干后外形像琵琶，晒干后的琵琶鸭，除夏季只能保存 1～2 个月外，其余季节均能保存 3～4 个月或更长时间。在保存期间，库温不宜过高，以免干缩。

第八章　中式火腿、腊肠

第一节　中式火腿工艺概述

一、 工艺流程

火腿营养丰富、味道鲜美、香气浓郁，又能久藏，这是因为火腿是用食盐腌制后，又采用自然发酵的方法制作而成的。食盐能增加肉的鲜味，促进肉的成熟，排除肉的水分，加深肉的颜色。食盐能够渗透到鲜腿肌肉的各层组织中，使肌肉逐步失水，迅速提高组织液的浓度。加之火腿的腌制阶段是在低温条件下（冬季）进行的，此时能防止腐败细菌的侵入，并能使已经侵入鲜火腿组织的腐败菌受到抑止或死亡，使盐分完全渗透到肌肉的各个组织中。

发酵时，在夏季高温季节，酶的活动增加，可以使腌制的鲜腿内部肌肉固有的酶较长时间分解蛋白质，产生多种易于被人体吸收的氨基酸等营养物质，因而火腿味道鲜美，香味浓郁。

中国火腿的加工制作与西式熏腿极为相似，但大多尚属手工生产操作。在加工生产过程中，主要依靠多年积累的实践经验来指导生产。其刀工、腌工与做工都有一套精细的技术要求，要学会火腿的一般加工方法还比较容易，但要加工出质量优异的火腿，就比较困难。

工艺流程大致如下：原料选择→整修→腌制→洗晒→贮存、发酵→品质鉴定。

二、 操作要点

1. 原料选择

(1) 选择优良品种畜禽的鲜腿为原料。火腿的质量好坏与畜禽品种的优劣关系很大。以鲜猪腿为例，一般都选用当地皮薄、脚细、肉质细嫩、瘦肉多，生长期在6～8个月的生猪为原料。金华火腿选用的是当地的优良品种“两头乌”猪，宣威火腿选用的是“乌金猪”。即使加工技术较高的老师傅，由于选用的猪种不同，腌制出的火腿质量也会各不相同。

(2) 屠宰　畜禽时要注意清洁卫生，严格按照国家对肉品卫生规程规定。如果生猪在宰前12h停食，可饮水。这样宰时放血净，肉质好。

(3) 选用的鲜腿，要求肉质新鲜，除毛干净，皮薄、脚细、腿心丰满，无伤残、淤血。对于粗皮大脚（爪），腿心偏薄、分量过轻的鲜腿，不能选作加工原料。

(4) 严格按照肉品卫生规程规定，原料必须经卫生检疫人员检验。

2. 修整鲜腿

鲜腿的修整与火腿的外形和质量都有关系。鲜腿割下来后，要刮干净残毛，去尽血污，割除油膜，撇出血管中的残血。然后修去腿周围和表面不整齐部分，修成火腿坯形。

3. 腌制

腌制是火腿加工的重要环节。加工腌制方法主要有干腌堆叠法、干擦法和湿腌法等。不论采用何种方法，都要达到使盐分渗透、鲜腿脱水的目的。

(1) 干腌堆叠法　此法一般是在鲜肉面上多次撒上盐（皮面、腿脚上不用盐），使盐慢慢渗透到鲜肉内，然后把腿平叠在“腿床”上，便于鲜腿脱水。

(2) 干擦法　此法是把盐碾成粉末状，然后擦遍腿身。在皮面和脚爪处要用手掌使劲擦，在肉面和腿周围，五指并拢进行揉擦，使盐分渗透。

(3) 湿腌法　此法是把鲜腿像腌菜一样腌在缸内，然后压去腿内水分。用盐量和用盐方法对火腿的色、香、味影响很大。如果用盐过多，抑制了酶在鲜腿中的活动，火腿就会缺乏香味；用盐过少，不能阻止腐败菌的繁殖，又会使鲜腿腐败变质。所以应按鲜腿大小及气候情况正确用盐，做到“大腿不淡，小腿不咸”，这是腌制火腿的技术关键。鲜腿腌制时间一般在30d左右，宣威火腿为15～20d。

4. 发酵

肉质在酶的作用下完成一系列的生物化学变化，产生多种氨基酸和芳香醇。因此，发酵场地一定要干燥、清洁，保持一定的温度、湿度，通风条件要好。应将火腿挂在通风良好的地方（如楼上）。进行发酵时，火腿上下、左右、前后均要有一定的距离，互不相碰，以利于火腿表面菌丝的繁殖，达到发酵的目的。发酵期间，火腿以渐渐生出绿色菌丝为最佳。火腿经发酵、修整、再发酵后即为成品，然后按质分级后运销。火腿加工从开始到成品，一般需经8～10个月。

第二节　火腿加工

一、金华火腿

金华火腿最早在金华、东阳、义乌、兰程、浦江、永康、武义等地加工，这八个县属当时金华管辖，故而得名。又由于浙江金华位于长江以南，金华火腿也称为南腿（南腿是火腿中的一大类），历史上曾被列为贡品，故又有“贡腿”之称。

1. 原料配方

（1）主料　鲜猪腿50kg。

（2）辅料　精盐5kg，硝酸盐25g。

2. 工艺流程

选料→修整→腌制→浸腿→洗刷→整形→晒腿→发酵→分级检验→成品。

3. 操作要点

（1）原料选择　原料是决定成品质量的重要因素，金华地区猪的品种较多，其中两头乌最好。其特点是：头小、脚细、瘦肉多、脂肪少、肉质细嫩、皮薄，特别是后腿发达，腿心饱满。一般饲养6～8个月，猪的质量可达60～65kg。

原料腿的选择一般是选用质量为5～6.5kg/只的鲜猪后腿（指修成火腿形状后的净肉重）。要求屠宰时放血完全，不带毛，不吹气。对于过小、腿心偏薄肉少、种公猪、种母猪、病猪、伤猪、黄膘猪等的腿一律不能使用。

选料的等级标准如下：

一等：肉要求新鲜，皮肉无损伤，无斑痕，皮薄腿细，腿心丰满；

二等：新鲜，无腐败气味，皮脚稍粗厚；

三等：粗皮大脚，皮肉无损伤。

（2）修割腿坯

① 修理　刮净腿皮上的细毛、黑皮等。

② 削骨　把整理后的鲜腿斜放在肉案上，左手握住腿爪，右手持削骨刀，削平腿部耻骨（俗称眉毛骨），修整股关节（俗称龙眼骨、不露眼，斩平背脊骨，留一截半左右），不“塌骨”，不脱臼。

③ 开面　把鲜腿腿爪向右，腿头（向左平放在案上，削去腿面皮层）节上面皮层处割成半月形。开面后将油膜割去。操作时刀面紧贴肉皮，刀口向上，慢慢割去，防止硬割。

④ 修理腿皮　先在臀部修腿皮，然后将鲜腿摆正，腿脚朝外，腿头向内，右手拿刀，左手揉平后腿肉，随手拉起肉皮，割去肚腿皮。割完后将腿掉头，左手掀去胫骨、股骨、坐骨（俗称三签头）和血管中的瘀血，鲜腿雏形即已形成。

（3）腌制　修整腿坯后，即转入腌制过程。金华火腿腌制系采用干腌堆叠法，就是多次把盐硝混合料撒布在腿上，将腿堆叠在“腿床”上使腌料慢慢渗透，需30d左右，一般腌制6次。

① 第一次用盐（俗称出血水盐）　腌制时，两手平拿鲜腿，轻放在盐箩上，腿脚向外，腿头向内，在腿面上撒布一层盐。5kg重

的鲜腿需盐约 62g。敷盐时要均匀。第二天翻堆时腿上应有少许余盐，防止脱盐。敷盐后堆叠时，必须层层平整，上下对齐，堆的高度应视气候而定。在正常气温以下，12～14 层为宜。堆叠方法有直腿和交叉两种。直腿堆叠时，在撒盐时应抹脚，腿皮可不抹盐；交叉堆叠时，如腿脚不干燥，也可不抹盐。

② 第二次用盐（又称上大盐）　鲜腿自第一次抹盐后至第二天必须进行第二次抹盐。从腿床上（即竹制的堆叠架）将鲜腿轻放在盐板上，揿出血管重的淤血，并在三签头上略用少许硝酸盐。然后，把盐从腿头撒至腿心（腿的中心），在腿的下部凹陷处用手指轻轻抹盐。5kg 重的腿用盐 190g 左右。遇天气寒冷，腿皮干燥时，应在胫关节部位稍微抹上些盐，脚与表面不必抹盐。用盐后仍然按顺序轻放堆叠。

③ 第三次用盐（又称复三盐）　经二次用盐后，过 6d 左右，即进行第三次用盐。先把盐板刮干净，将腿轻轻放在板上，用手轻抹腿面和三签头余盐。根据腿的大小，观察三签头的情况，同时用手指测试腿面的软硬度，以便挂盐或减盐，用盐量按 5kg 腿约用盐 95g 计算。

④ 第四次用盐（又称复四盐）　在第三次用盐后隔 7d 左右，再进行第四次用盐，目的是经上下翻堆后，借此检查腿质、温度及三签头盐溶化程度，如不够量要再补盐。并抹去黏附在腿皮上的盐，以防腿的皮色不光亮。5kg 重的腿用盐 63g 左右。

⑤ 第五次用盐（又称复五盐）　又经过 7d 左右，检查三签头上是否有盐，如无盐再补一些，通常 6kg 重的腿可不再补盐。

⑥ 第六次用盐（又称复六盐）　与复五盐完全相同。主要是检查腿上盐分是否适当，盐分是否全部渗透。

在整个腌制过程中，必须按批次用标签表明先后顺序，每批次按大、中、小三等，分别排列、堆叠，便于在翻堆用盐时不致错乱、遗漏，并掌握完成日期，严防乱堆乱放。4kg 以下的小鲜腿，从开始腌制到成熟期，必须另行堆叠，不可与大、中腿混杂。用盐时避免多少不一，影响质量。

上述翻堆用盐次数和间隔天数，是指在0～10℃气温下。如温度过高、过低，暴冷、暴热、雷雨等情况下，则应及时翻堆和掌握盐度。遇较高气温时，可把腿摊放开，并将腿上陈盐全部刷去，重上新盐。过冷时，腿的盐不会溶化，可在工场适当加温，以保持在0℃以上。

抹盐腌制腿时，要用力均匀，腿皮上切忌用盐，以防止出现发白和失去光泽。每次翻堆，注意轻拿轻放，堆叠应上下整齐，不可随意挪动，避免脱盐。腌制时间大腿一般40d，中腿35d，小腿33d。

（4）洗腿　鲜腿腌制结束后，对腿面上油腻污物及盐渣，必须清洗干净，以保持腿的清洁，有助于保持腿的色、香、味。洗腿的水必须是洁净的清水，可在水缸（池）中清洗。春季洗腿应该当天浸泡，当天洗刷。初洗时要求不乱扔、乱抛，腿皮向上，腿面向下，腿和皮都必须浸没水中，不得露出水面。浸腿时间长短要根据气候情况、腿只大小、盐分多少、水温高低而定。一般要浸泡15～18h。洗腿时，必须顺次先洗脚爪、皮面、肉面和腿的下部，腿各个部位都必须洗刷干净，洗时不可使后腰肉翘起。

经初步洗刷后，刮去腿膀上的残毛和污秽杂物，刮时不可伤皮。经刮毛后，将腿再次浸泡在清水中，仔细洗刷，然后用草绳把腿拴住吊起，挂在晒架上。

（5）晒腿　洗过的腿挂上晒架后，再用刀刮去腿脚和表面皮层上的残余细毛和油污杂质。在太阳下晒，晒时要随时修整（即“做腿”），使腿形美观。然后，在腿皮面盖上“××火腿”和“兽医验讫”戳记。盖印时要注意清楚、整齐，在腿瞳部分盖起。盖印后，初次用手捏完脚爪，捺进臀肉，然后放在腿凳上，把脚爪做成镰刀形，并绞直脚骨（不要绞伤，绞碎腿皮肉），再捺臀肉，使腿头、腿脚正直。同时双手用力挤腿心（一手在趾骨上，另一手在股关骨相对紧挤），使腿心饱满，掀平后腰肉。

在2～4d晒腿时，应继续捏弯脚爪、挤腿心、捺臀肉、绞腿等。如遇阴天时则挂在室内，当发生黏液即揩去，严重时应重新洗晒。晒腿时应检查腿头上的脊骨是否折断，如有折断用刀削去，以防积水，影响质量。晒腿时间长短根据气候决定，一般冬季晒 5～6d，春天晒 4～5d，以晒至皮紧而红亮，并开始出油为度。

(6) 发酵 火腿经腌制、洗晒后，内部大部分水分虽然外泄，但是肌肉深处还没有足够的干燥。因此，必须经过发酵过程，一面使水分继续蒸发，一面使肌肉中的蛋白质、脂肪等发酵分解，使肉色、肉味、香气更好。

火腿送入发酵场后，逐只悬挂在木架上，彼此相距 5～7cm。一般发酵时间已进入初夏，气温转热，残余水分和油脂逐渐外泄，同时肉面生长绿色霉菌，这些霉菌分泌酶，使腿中的蛋白质、脂肪等起发酵分解作用，使火腿逐渐产生香味和鲜味。因此，发酵好坏与火腿质量有密切关系。

火腿进入发酵场后，应逐只检查腿的干燥程度，看是否有虫害和虫卵。在腿架上应按大、中、小分类悬挂。火腿发酵时间一般自上架起 2～3 个月。火腿发酵后，水分蒸发，腿身逐渐干燥，腿骨外露，须再次修整，此过程称为发酵期修整。一般是按腿上挂的先后批次，在清明节前后即可逐批次刷去腿上发酵霉菌，进入修整工序。修整工序包括：修平趾骨，修正股关骨，修平坐骨，从腿脚向上割去腿皮。修整时应达到腿正直，两旁对称均匀，使腿身成竹叶形。随后撒上白色糠（稻壳），撒好后仍将腿依次上挂，继续发酵。

(7) 落架、堆叠、分等级 火腿挂至 7 月初（夏季初伏后），根据洗晒、发酵先后批次、重量、干燥度依次从架上取下，称为落架。并刷去腿上的糠灰。分别按大、中、小火腿堆叠在腿床上，每堆高度不超过 15 只，腿肉向上，腿皮向下，此过程称为堆叠。然后每隔 5～7d 上下翻堆，检查有无毛虫，并轮换堆叠，使腿肉和腿皮都经过向上、向下堆叠过程。并利用翻堆时将火腿滴下的油抹在腿上，使腿质保持滋润而光亮。火腿落架堆叠时，应按规格标准（表 8-1）分等级好坏分别堆垛，并用标签标明。

表 8-1 规格标准

等级	香味	肉质	质量/(kg/只)	外形
特级	三签香	瘦多肥少,腿心饱满	2.5～5	竹叶形,细皮,小腿,爪弯,腿直,皮色黄亮,无红疤,无损伤,无虫蛀、鼠咬,油头小,无裂缝,小蹄至龙眼骨有40cm以上,刀工光洁,皮面印章端正、清楚
一级	二签香 一签好	瘦多肥少,腿心饱满	2以上	出口腿无伤疤,内销腿无大红疤,其他要求与特级腿相同
二级	一签香 二签好	腿心稍偏薄,但不露髋骨,腿头部分稍咸	2以上	竹叶形,爪弯,腿直,稍粗,无虫蛀、鼠咬,刀工细致,无毛,皮面印章端正、清楚
三级	三签中 一签有异味 (但无臭味)	腿质较咸	2以上	无鼠咬伤,刀工粗略,印章端正、清楚

我国传统火腿加工要经过6～7道工序、60～70道手续，历时8～10个月，在火腿行业中通常称为“一个月的床头，五六天的日头，一百二十天的钉头，二‘九’一‘八’的折头”。即是说鲜腿经腌制后堆叠在“腿床”上需要1个月的时间才能成熟；腌制在清水中洗刷后，在太阳下晒5～6d才能上楼发酵；在楼上挂架发酵时间从火腿修整阶段算起，要经过120d左右；二“九”一“八”的折头指的是两次九折，一次八折，即腌制后的腿，其重量是鲜腿的九折，晒好的腿又是腌制后的腿的九折。这样成品率约占鲜腿的64%多一点（实际加工中成品率只有64%左右)。

二、 宣威火腿

宣威火腿又称云腿，迄今已有300多年的历史，产于云南宣威市。

宣威地处云贵高原的滇东北地区，海拔在1700～2868m之间，每年霜降至大寒期间，地处高寒山区的宣威平均气温在7.3～12.5℃，相对湿度在62.2%～73.8%，这段时间最适宜加工火腿。

1. 原料配方

猪后腿 90～100kg，食盐适量。

2. 工艺流程

鲜腿修整→腌制→堆码→上挂→成熟管理→成品。

3. 操作要点

(1) 鲜腿修整　宣威火腿采用“乌金猪”后腿加工而成。选择90～100kg 健康猪的后腿，在倒数第1～3根腰椎处，沿关节砍断，用薄皮刀由腰椎切下，下腿时耻骨要砍得均匀整齐，呈椭圆形。鲜腿要求毛光、血净、洁白，肌肉丰满，骨肉无损坏，卫生合格，重7～10kg 为宜。

食盐用云南一平浪盐矿生产的一级食用盐。热的鲜腿，应放在阴凉通风处晾 12～24h，至手摸发凉、完全凉透为止。根据腿的大小、形状定型，即鲜腿大而肥、肌肉丰满者修割成琵琶形，腿小而瘦、肌肉较薄者修割成柳叶形。先修去肌膜外和骨盆上附着的脂肪、结缔组织，除净渍血，在瘦肉外侧留 4～5cm 肥肉，多余的全部割掉，修割时注意不要割破肉表面的肌膜，也不能伤骨骼。经过修整后的鲜腿，外表美观。

把冷凉修整好的鲜腿放在干净桌子上，先把耻骨旁边的血筋切断，左手捏住蹄爪，右手顺腿向上反复挤压多次，使血管中的积血排出。

(2) 腌制　宣威火腿的腌制采用干腌法，用盐量为 7%，不加任何发色剂，搽腌 3 次，翻码 3 次即可完成。

搽头道盐　将鲜腿放在木板上，从脚干搽起，由上而下，先皮面后肉面，皮面可用力来回搓出水（搓 10 次左右，腿中部肉厚的地方要多搽几次盐）。肉面顺着股骨向上，从下而上顺搓，并顺着血筋揉搓排出血水，搽至湿润后敷上盐。在血筋、膝关节、荐椎和肌肉厚的部位多搽多敷盐，但用力勿过猛，以免损伤肌肉组织，每只腿约搽 5min，腌完头道后，将火腿堆码好。第一次用盐量为鲜腿重的 0.5%。

(3) 堆码　通常堆码在木板或篾笆上。膝关节向外，腿干互相压在血筋上，每层之间用竹片隔开，堆叠8～10层，使火腿受到均匀压力。搽完头道盐后，堆码2～3d，搽二道盐。

搽二道盐　腌制方法同前。用盐量为鲜腿重的3%，在3次用盐量中最大。由于皮面回潮变软，盐易搽上，比搽头道盐省力。

搽三道盐　搽完二道盐后，堆码3d，即可搽三道盐。用盐量为鲜腿重的1.5%。腿干处只将盐水涂匀，少敷或不敷盐，肉面只在肉厚处和骨头关节处进行揉搓和敷盐，其余的地方仅将盐水及盐敷均匀。堆码腌制12d。每隔3～5d将上下层倒换堆叠（俗称翻码）1次。翻码时要注意上层腌腿脚压住下层腿部血管处，通过压力使淤血排出，否则会影响成品质量或保存期。

鲜腿经17～18d干腌后，肌肉由暗红色转为鲜艳的红色，肌肉组织坚硬，小腿部呈橘黄色且坚硬，此时表明已腌好、腌透，可进行上挂。

（4）上挂　上挂前要逐条检查是否腌透、腌好。用长20cm的草绳，打双套结于火腿的趾骨部位，挂在通风室内，成串上挂的要大条挂上，小条挂下，或大中小条分挂成串，皮面和腹面一致，条与条之间隔有一定距离，挂与挂之间应有人行通道，便于管理检查，通风透气，逐步风干。

（5）成熟管理　当地老百姓常说产火腿“臭不臭在于腌，香不香在于管”。可见腌制和管理是保证火腿质量的关键所在，应掌握3个环节。一是上挂初期即清明节前，严防春风对火腿侵入，造成火腿暴干开裂；若发现已有裂缝，随即用火腿的油补平。二是早上打开门窗1～2h，保持室内通风干燥，使火腿逐步风干。三是立夏后，要注意开关门窗，使室内保持一定的湿度，让其发酵；发酵成熟后，要适时开窗保持火腿干燥结实。这段时间室内月平均温度为13.3～15.6℃，相对湿度为72.5%～79.8%。日常管理工作应根据火腿失水、风干情况，调节门窗的开关时间。根据早、晚、晴天、阴天，控制温、湿度的变化。天气过冷，要防止湿度较大。天气炎热，要防止苍蝇产卵生蛆、火腿走油、生毛虫。发现火腿生毛虫，可在生虫部位滴上1～2滴生香油，待虫爬出后，用肥肉填满虫洞；做好防蝇、防虫、防鼠等工作。

火腿的特性与其他腌腊肉不同，整个加工周期需6个月。火腿发酵成熟后，食用时才有应有的香味和滋味。此时肌肉呈玫瑰红色，色、香、味俱佳。这时的火腿称为新腿。每年雨季，火腿都要生绿霉，是微生物和化学分解作用的继续，可使火腿的品质不断提高，故以2～3年老腿的滋味更好。

（6）成品率　鲜腿平均重7kg，成品腿平均重5.75kg，成品率78%。2年的老腿成品率为75%左右。3年及3年以上的老腿，成品率为74.5%左右。

三、 如皋火腿

1. 原料配方

猪后腿50kg，精盐6kg。

2. 工艺流程

选料→鲜腿整修→腌制→洗晒→保管发酵→成品。

3. 操作要点

（1）选料　选择60～80kg重的尖头细脚、皮薄肉嫩的良种猪，屠宰后将胴体挂起冷却12h，然后按规格要求，取胴体肥膘不超过3cm厚、4～7kg的鲜后腿作加工火腿的原料，开面（即切面）要在股骨中间。

（2）鲜腿整修　将所选之猪后腿刮净残毛，去净血污蹄壳等，整修成琵琶状。修整中要求髋骨不露眼，斩平脊椎骨，不“塌鼻”、不“脱臼”，不伤红（精肉）。修去皮层的结缔组织和多余脂肪，挤去血管中的淤血。

（3）腌制　腌制一般分五次。各次的上盐时间是：第一次上盐（首盐）后，次日进行第二次上盐（大盐），第四天进行第三次上盐（三盐），第九天进行第四次上盐（四盐），第十六天进行第五次上盐（五盐）。每次的用盐数量：第一次1kg，第二次2.5kg，第三次1.5kg，第四次750g，第五次250g。每次上盐都要抹去陈盐，撒上新盐，做到撒盐均匀。老工人在火腿的腌制工序中总结了这样几句话："首盐上混盐，大盐雪花飞，三盐保重点，四盐扣签头，五盐保签头。"

已上盐的腿在堆叠时要用手托起轻轻堆放，不要随便挪动以免失盐。叠腿要整齐，上下左右前后要层层对齐。大批量制作，堆高以不超过20层为好，家庭制作在腌缸内堆5层以下为好。每堆或每缸要挂上标签，便于检查、翻堆和复盐。

（4）洗晒　腌制成熟之腿（一般冬季是30d，春季25d）应及时洗晒。用干净水将腿肉面向下，完全浸入水中12～18h。然后进行洗刷，刷净油腻污物。

腿洗好后上架日晒。晒腿时要适当整形，尽量将脚爪弯成直角，捧拢腿肉，使其显得肥厚饱满，外观清洁美观。晒腿时间应根据气候情况决定，冬季一般7～9个晴天，春天6～7个晴天，以皮面蜡黄为度。晒好的腿入库上架保管，使之发酵。

（5）保管发酵　保管、发酵是使火腿具有特殊品质的一道关键工序。发酵时期，保管室内应勤检查，勤开关窗户，一般是晴天开，雨天关。高温干燥季节是白天关，夜里开，以保证霉菌的正常繁殖。发酵时间为5～6个月，在梅雨季节前应下架涂上菜油脚（菜油的沉淀质），主要是防虫，保持香味和防止制品失水干耗，以使火腿形成特殊的风味。

（6）成品　成品外形似琵琶，薄皮细爪，红白鲜艳，风味特殊，营养丰富，以色、香、味、形四绝闻名于世。成品每只重4～8kg。

四、陇西火腿

1. 原料配方

猪后腿肉10kg，雪花盐0.7kg，花椒0.25kg，小茴香0.15kg。

2. 工艺流程

原料整理→腌制→晾挂→成品。

3. 操作要点

（1）原料整理　将新鲜后腿顺腿肉方向用力搓推，挤出和抹尽血管内残剩的淤血，除去表面油膜，修割边肉，将其整修成桃形。然后把腿肉摊于阴凉处，使其凉透。

（2）腌制　将以上配料均匀涂擦于腿肉四周，尤其肉面一定要擦均匀。然后皮面向下肉面向上，整齐地堆码在缸内和池中，为使腿肉的各部位都能腌透，每隔 10d 应翻缸或翻池一次。当腌至40～50d，待腿肉深部已变成桃红色时，即可出缸或出池。

（3）晾挂　将出缸或出池后的腿肉直接送入玻璃罩的暖棚中挂晒，晒至腿皮紧硬、红亮出油为止。家庭少量制作可将出缸的腿肉挂于太阳下直接晾晒，如遇阴天，可转入干燥通风的室内进行晾挂，经 2 个月左右即成，质量和在太阳棚中挂晒的差不多。

（4）成品　陇西火腿是甘肃省著名的地方传统风味制品，深受陇西及西北地区人们的喜爱，距今已有近百年的历史。制品每只重约 5kg，似桃形，爪弯，表面无毛而黄亮。腿肉丰满，肉质细嫩，瘦肉切面呈桃红色，肥肉膘白明亮，食之清香浓郁，咸淡适中，香而不腻。

五、威宁火腿

1. 原料配方

鲜猪腿 50kg，云南荞盐 7.5kg，硝酸钠 100g。

2. 工艺流程

原料选择→排血、整形→腌制→压腿→烘烤→成品。

3. 操作要点

（1）原料选择　选用经卫生检验合格的肉细皮薄，脚小骨轻的威宁鲜猪后腿为原料。

（2）排血、整形　将鲜猪后腿以双手用力压紧腿肉，上下揉搓将筋络中的血液全部挤出（筋络中的血液非盐、硝酸钠所能排出，只有趁鲜时挤出，否则成品存放时间长即变质），然后用刀刮净残毛、脏污，修成椭圆形。

（3）腌制　将盐和硝酸钠碾细拌匀（盐用火炒热），用双手尽力擦于鲜腿皮肉上，擦不完的盐留到入缸时用。盐、硝酸钠擦好后即将鲜腿放入木桶中，以未用完的盐一层一层地撒在肉上，腌至4d后翻缸（即将上层鲜腿移到下面，下层的移到上面），再腌8d出缸。

(4) 压腿　鲜腿经腌制出缸后，将5个猪腿铺平堆放于木板上，码好后上面用一块木板压好，木板上压石块，将腿坯压平，盐水、血水均流净后即可入烘房烘烤。

(5) 烘烤　当地习俗是用柏树叶、谷糠、木屑等燃烧生暗火取烟熏烤，4～8d，方能出炉。如用日晒或晾干法加工也可以。火腿出炉后放置于空气流通，无日晒、雨淋的干燥仓库，以竹竿悬挂，贮存数年不变质。

(6) 成品　威宁火腿皮薄骨轻，瘦肉呈紫红色，肥肉呈淡黄色，味香、形如琵琶状。分陈腿和新腿两种，陈腿是经过贮存一年以上的成品，新腿为当年加工的成品，陈腿质量最佳。当地习俗是用烟熏焙，因此成品略带烟熏味。

六、剑门火腿

1. 原料配方

鲜猪腿5kg，食盐400g以上。

2. 工艺流程

选料→修整→腌制→洗晒→整形→发酵→成品。

3. 操作要点

(1) 选料　选用符合卫生检验要求的瘦肉型猪，皮薄脚细，瘦肉多肥肉少，腿心丰满，血清毛净，无伤残，每只重4.5～8.5kg的猪后腿，作为加工原料。

(2) 修整　选好的猪腿，刮净细毛，去净血污，挖去蹄壳，削平腿部趾骨，修正骨节，斩去背脊骨，不塌“鼻”，不脱臼，脚爪向右，腿头向左，削去腿皮表层，在骻骨节上面皮层处割成半月形，开面后割去油膜，修整脚皮，割去肚皮，去除血管中的血污。

(3) 腌制　在常温下，分6次用盐：第1天上出水盐，第2天上大盐，隔4d上三盐，隔5d上四盐，隔6d上五盐，隔7d上六盐，每次上盐后，必须按顺序堆码，其用量依次为总盐量的15%、35%、15%、30%，余下之盐供两次适量补充。

（4）洗晒　腌好的火腿要及时洗晒，水要干净，一般是头天午后4时浸至第2天上午7时，即可开始洗腿，洗净后，再浸泡3h，捞起，晒制4～6d。

（5）整形　晒好的腿立即进行整形，绞直腿骨，弯足爪，再将腿肉修成竹叶形。

（6）发酵　整好形的腿立即挂入室内进行发酵。发酵室要透风，光线充足，门窗齐备，不漏雨。将腿坯悬挂在架上，抹上谷糠灰，入伏后，气温高，为防止走油过多，取下火腿，顺序叠在楼板上，按每一层4只腿叠堆，每堆高6～8层，并经常翻堆，2～3个月即好。

（7）成品　剑门火腿，状如竹叶，爪弯腿直，刀工光洁，皮色发亮，切面清晰，瘦肉桃红，或如玫瑰，肥肉乳白，香味纯正，咸淡适宜，肉质致密。

（8）贮藏方法　火腿在贮藏期间，发酵成熟过程并未完全结束，应在通风良好、无阳光的阴凉房间按级分别堆叠或悬挂贮藏，使其继续发酵，产生香味。

悬挂法容易通风和检查，但占用仓库较多，同时还会因干燥而增大损耗。堆叠法是将火腿堆叠成垛。堆叠用的腿床应距地面35cm左右，约隔10d翻倒一次。翻倒时要用油脂涂擦火腿肉面，这样不仅可保持肉面油润有光泽，同时也可以防止火腿的过分干缩。国外用动物胶、甘油、安息香酸钠和水加热溶化而成的发光剂涂抹，不但可以防虫、防鼠，而且一般可贮存1年以上，品质优良，保存好的可贮存3年以上。

七、琵琶火腿

1. 原料配方

猪前、后腿肉10kg，食盐400g，白酱油300g，八角20g，花椒 20g，苹果 20g，良姜 20g，桂皮 20g，荜拨 20g，丁香 10g，陈皮 20g，豆蔻 20g，硝酸钾 10g。

2. 工艺流程

选料→修整→第一次腌制→揉压→第二次腌制→风干→成品。

3. 操作要点

(1) 选料　选用符合卫生检验要求的猪前后腿为加工原料。

(2) 修整　选好的猪前后腿，剔骨头，修整呈琵琶形，成火腿坯料。

(3) 第一次腌制　将食盐、花椒、八角和硝酸钾分别碾碎和腿坯一起放入缸内，腌制 1d。

(4) 揉压　将腌好的腿坯取出，放在案板上，每天揉摩按压 1 次，连续按压 7d。

(5) 第二次腌制　按压好的腿坯再放入缸内，再加辅料，腌制 7d。

(6) 风干　腌好的腿坯捞出，捆扎，挂通风处风干，即为成品。

(7) 成品　琵琶火腿，色泽棕红，肥而不腻，清香味长，别具一格。

八、 恩施火腿

恩施火腿是湖北恩施地区从 1953 年起引进金华火腿的技术开始生产的火腿。经过多年实践，在制作技术上形成了自己的四大特点：吸取了南（金华）北（触口皋）火腿的制作技术之长，腌制时间都在立冬后至立春前，是“正冬”腿；腌制时不用硝酸钠，用本地区的“二眉”“狮子头”等优良种猪与中约杂交的第一代猪的后腿肉作原料，皮薄、肉嫩、脚干细，火腿成品质量优良；恩施火腿的鲜肉成品率为 68%左右；从选料加工到制成存放，要经过十道工序，9 个月的时间。

1. 原料配方

新鲜猪后腿 25kg，精盐 2kg。

2. 工艺流程

原料整理→修坯→腌制→洗腿→整形→晒腿或烘腿→发酵→洗霉→修割→贮藏→成品。

3. 操作要点

(1) 原料整理　选用肌肉丰满的猪后腿，每只重5～7kg，屠宰加工时要求不得吹气打气，毛血去尽，无红斑血块。

(2) 修坯　将猪后腿修成椭圆形，并割去油皮肥边。要求刀工整齐，肉不脱皮，骨不裂缝。

(3) 腌制　采用上盐码堆干腌，分四五次上盐并翻堆，腌30d左右即成。

(4) 洗腿　将腌好的后腿浸泡1d，顺肌肉纤维轻轻洗刷干净，不能倒刷。

(5) 整形　将洗净的腿上架晾干，然后矫正腿骨，捏弯脚爪成直角。

(6) 晒腿或烘腿　将修整成形的腿置于阳光下暴晒或用文火慢烘7～8d，干燥后入库发酵。

(7) 发酵　入库的火腿要求逐一悬挂，通风透气，注意防蝇、防鼠、防晒、防淋，保证其发酵均匀，长霉正常（绿霉最好，灰霉次之，发现白霉、黄霉、黑霉要刮掉）。经6个月的充分发酵后即为成品。充分发酵后的火腿才具有独特的香味和鲜味。

(8) 洗霉　将霉全部洗去，随洗刷随晾干水分。

(9) 修割　将定型后的火腿修割成美观的琵琶形。

(10) 贮藏　火腿应放在通风处保藏，温度不能太高，可存放2～3年。成品火腿应码堆存放，下面垫高以防返潮，不得晾挂，以防走油和枯干。防止虫、潮、霉和防止变质发哈等，是火腿在保藏期间的重要工作。家庭买回的火腿一次吃不完的，可在切面上涂一层茶油后平放在陶瓷器内盖好，使火腿与空气尽量少接触，能存放数月不变质。

(11) 成品　成品造型美观，呈琵琶形，色棕黄，咸度适中，色、香、味俱佳。蒸、炖、煮、炒，冷、热食用均可，也可和鲜肉、排骨等煨汤食用。有清肝火，健脾脏的功效，特别是手术后食用可促进伤口愈合。

九、 上海圆火腿

1. 原料配方

猪前腿肉 5kg，粗盐 0.4kg，硝酸钠 1.4g。

2. 工艺流程

选料→腌制→洗刷→扎腿→煮制→冷却→成品。

3. 操作要点

（1）选料　选取符合卫生检验要求的猪前腿，将腿皮边缘修去，凡膘厚之处须将膘修至 30mm 为止，即为圆腿生坯。

（2）腌制　圆火腿生坯先用粗盐及硝酸钠（0.3kg 盐、0.9g 硝酸钠）揉擦在外表，在 2～3℃下腌制 24h，然后再将生坯放入 12～13 °Bé的盐溶液中（腌制液配制为 5kg 生坯用粗盐 0.1kg 及硝酸钠 0.5g）腌制 20～25d，前 6～8d 每 2 天翻一次，以后每隔 5～6d 翻一次。

（3）洗刷　圆火腿生坯腌制好后先用温水清洗，然后将大小骨头拆净，刮净皮表之毛，第二次将膘略为修剔，并修去边缘不整齐之肉膘。

（4）扎腿　将生坯卷成圆形，在腿皮接缝处，均用白纱线绳缝合，并将整个生坯扎紧。

（5）煮制　将扎好的圆腿生坯投入 85℃的水中，使水温保持在 75℃左右，约煮制 4.5h，待全部煮熟出锅。

（6）冷却　将煮熟后的圆腿在 2～3℃下冷却 6～8h，即为成品。

（7）成品　外形长圆，无骨，带皮，皮表面不得带毛，皮里膘油修净，膘肉均匀，精肉呈红色，肉筋呈透明微深色，咸淡适中，有香味，鲜美可口。

十、 天津卷火腿

1. 原料配方

肥猪后腿10kg，香叶20g，精盐1.4kg，桂皮10g，胡椒10g，砂糖50g，丁香10g，硝酸钠4g，肉蔻5g。

2. 工艺流程

选料→腌制→熟制→成品。

3. 操作要点

（1）选料　选择皮薄肉厚的猪后腿，剔去骨头，修整，捆扎成卷形，即为卷火腿坯。

（2）腌制　捆扎好的腿坯用盐和硝酸钠腌制24h，然后取出洗净，再放入煮过胡椒、丁香、桂皮、肉蔻、香叶、砂糖等调味的腌制液中腌制15d，即为半成品。

（3）熟制　将半成品在75～80℃水中煮4h，使瘦肉变为红色，然后在2～3℃下冷却6～8h，即为成品。

十一、 松花火腿

1. 原料配方

猪里脊肉10kg，松花蛋6.6kg，牛盲肠4根，精盐300g，胡椒50g，味精20g，五香粉50g，大葱50g，大蒜50g，鲜姜50g。

2. 工艺流程

选料→腌制→灌装→煮制→熏制→成品。

3. 操作要点

（1）选料　选择符合卫生检验要求的猪里脊肉。优质松花蛋去皮。

（2）腌制　将胡椒、五香粉等调味料用开水冲过，冷却后配成腌制液。再将里脊肉放入，腌制约35d。

（3）灌装　取出腌制好的里脊肉，从横断面割开，将松花蛋裹入，随即灌入经过整理好的牛盲肠内，用线绳分段扎紧。

（4）煮制　捆扎好的火腿放入90℃水中煮1h后，再恒温75℃煮1h。

（5）熏制　将煮制后晾干水分的半成品放到熏锅中，用糖熏5～10min，至火腿呈焦黄色，即为成品。

十二、肉糜方腿

肉糜方腿综合了方腿和灌肠的双重优点。其选料范围广，既可使用大块的原料加工，也可利用其他产品加工下来的边角碎肉加工，而且经过适当的配方和工艺处理，使利用整料与利用边角料制得的产品，两者无论是造型或是风味，均可取得相同效果。

1. 原料配方

原料肉 50kg，淀粉 3.5kg，食盐 1.7kg，白糖 0.75kg，白酒（如无特殊说明，白酒度数均为 45°～60°）0.25kg，味精 120g，胡椒粉 60g，五香粉 50g，亚硝酸钠 1.25g，清水和冰屑 6kg。

2. 工艺流程

原料选择与整理→腌制→绞碎复腌→拌料制馅→装模→烧煮→成品。

3. 操作要点

（1）原料选择与整理

① 原料选择　在符合卫生要求的前提下，选料部位和规格均无特殊要求，前、后腿肉和排肌、方肉以及其他高档产品加工下来的或需保持原结构块型的产品上整修下来的边角碎肉，均可使用。

② 修肉整理　对于不同的原料修肉时应各有侧重点。

前、后腿肉：修肉时只需剥去皮下脂肪，修去硬筋、肉层间夹油、伤斑、淤血、淋巴结、软硬碎骨，然后切成 3cm 左右宽的条块，即可进行腌制。

方肉：修肉时只需剥去皮下脂肪，肉层间夹油可不必修去，肥、瘦对半，保持其“夹精夹油”的原结构，修好后也切成 3cm 左右宽的条块进行腌制。

边角碎肉：这种原料往往混有杂质，卫生质量较差，修肉整理时应侧重于拣除各种杂质、碎骨屑和伤斑，整理好后，需加一道漂洗工序，以确保卫生质量。

（2）腌制　把修整好的原料肉放入搅拌机中，加入腌料，搅拌 2～3min，使腌料分布均匀即可取出，装入浅盘，置于 2～4℃的冷库内腌制，腌制时间通常为 2～3d。

（3）绞碎复腌　绞肉要控制好肉粒的粗细程度。瘦肉根据规格需要一般分别选用下列四种不同孔径的筛眼板来绞碎，即 3mm、7mm、16mm 和三眼板；方肉因肥瘦互相间隔，用 4mm 孔径的筛眼板绞制。绞好的肉，仍置于冷库内腌制一天，即可使用。

（4）拌料制馅　先开动搅拌机，待其运转正常后，加入原料，然后再加水和其他辅料。辅料应先用少许清水溶解后再徐徐加入。搅拌 2～3min 即可，搅拌结束时肉糜的温度应保持在 10℃以下。

（5）装模　将肉糜装入模型，不宜在常温下久搁，否则蛋白质的黏度会降低，影响肉块间的黏着力。装模前首先进行定量过磅，每只坯肉约 3.1kg，然后把称好的肉装入尼龙薄膜袋内，再在尼龙袋下部（有肉的部分）用细钢针扎眼，以排除混入肉中的空气，然后连同尼龙袋一起装入预先填好衬布的模具里，再把衬布多余部分覆盖上去，加上盖子压紧。

（6）烧煮　把模具一层一层排列在方锅内，下层铺满后再铺上层，层层叠齐，排列好后即放入清洁水，水面应稍高出模具，然后开大蒸汽使水温迅速上升，夏天一般经 15～20min 即可升到 78～80℃，关闭蒸汽，保持此温度 3～3.5h，最好烧煮两个小时后，对肉进行测温，待中心温度达到 68℃时，即放掉锅内热水。在排放热水的同时，锅面上应淋冷水，使模具温度迅速下降，以防止因产生大量水蒸气而降低成品率，一般经 20～30min 淋浴，模具外表面温度已大大降低，触摸不烫手即可出锅整形。所谓整形，就是指在排列和烧煮过程中，由于模具间互相挤压，小部分盖子可能发生倾斜。如果不趁热加以校正，成品不规则，影响商品外观；另一方面，由于烧煮时少量水分外渗，内部压力减少，肌肉收缩等原因，方腿中间可能产生空洞。经过整形后的模型，迅速放入 2～5℃的冷库内，继续冷却 12～15h，此时肉糜方腿的中心已凉透，即可出模、包装销售或冷藏保存。

十三、 鹅火腿

1. 原料配方

鹅腿 50kg，盐 25～35kg，老姜 50g，八角 25g，葱 100g。

2. 工艺流程

整形→腌制→复卤→晾干、整形→成品。

3. 操作要点

(1) 整形　将宰杀全净膛的鹅体，按常规分割方法取下两腿，去掉鹅蹼，初整成柳叶形，去掉腿上多余的脂肪，洗净血污待腌。

(2) 腌制　用盐量为净鹅腿重量的1/16，按每100kg盐加入八角30g的配比放入铁锅中，用火炒干，加工碾细。将盐擦遍鹅腿，然后排放缸内腌8～10h。

(3) 复卤　将擦腌好的鹅腿，放入预先配好的老卤中，压上竹盖，使鹅腿全部浸入老卤中，复卤8～10h。

卤的配制　卤有新卤和老卤之分。新卤是用去内脏后浸泡鹅体的血水，加盐配成。在50kg血水中加盐25～35kg，放入锅中煮沸，使食盐溶解，并撇去血沫，澄清后倒入缸内冷却，每缸(50kg)按鹅火腿卤水配方先后加入拍扁的老姜、八角、葱，使盐卤产生香味。腌过多次鹅腿的卤经煮沸后称老卤，老卤越老越好。

(4) 晾干、整形　复卤好的鹅腿出缸后用自来水冲洗表面盐水，然后用塑料绳结扎腿骨，吊挂在阴凉处风干，随着干缩每天整形一次，连整2～3次。整形主要是削平股关节，剪齐边皮，挤揉肉面使鹅腿肉面饱满，形似柳叶状。经3～4d的风干，转入发酵室，吊挂在木架上保持距离，以便通风。控制室内温度和湿度，经2～3周的成熟发酵即可下架堆放，然后包装成品。

十四、浓香鹅火腿

1. 原料配方

鹅火腿100kg。

(1) 干腌配料　食盐6kg，八角3g。将盐和八角放入锅中用火炒干，加工碾细后备用。

(2) 湿腌配料　清水100kg，食盐50kg，姜100g，八角50g，葱200g。配制时，先将水和盐放入锅内煮沸，使食盐溶解，并撇去血沫与油污，澄清后倒入缸内冷却，然后再加入拍扁的老姜、八角、葱，使盐卤产生香味。

2. 工艺流程

选料→取腿整形→擦盐→复卤→浸泡洗腿→晾晒与整形→成品。

3. 操作要点

（1）选料　选用饲养期比较长、体大腿肉发达、生产鹅肥肝和活拔毛的鹅的大腿作原料。

（2）取腿整形　将宰杀净膛的鹅体，按常规分割方法取下两腿，去掉鹅蹼，初整成柳叶形，去掉腿部多余脂肪，洗净血污待腌。

（3）擦盐　取净鹅腿质量10%的干腌盐量，将盐擦遍鹅腿，然后排放缸内码腌8～10h。

（4）复卤　将擦腌好的鹅腿放入预先配制好的盐卤中，压上竹盖，防止鹅腿上浮，使鹅腿全都浸入在盐卤中，复卤8～10h。

（5）浸泡洗腿　将腌好的鹅腿取出放入清水中浸泡，使肉中过多的盐分浸出，同时使肉质回软，有利于整形和除去表面污物。浸泡时间随温度和鹅腿含盐量而定。如果水温为10℃，浸泡的时间约为1h。鹅腿在浸泡过程中，肌肉颜色发暗，说明肉中含盐量较少，浸泡时间要适当缩短；如果肌肉色泽发白，说明肉中的含盐量较高，浸泡时间要适当延长。浸泡以后，要用刷子刷洗鹅腿，洗去表面污物。洗净后取出，沥去水分。

（6）晾晒与整形　将洗净的鹅腿挂在阴凉通风的地方晾晒，在晾晒的过程中每天整形一次，连续整形2～3次，整形主要是削平股关节、剪齐边皮，挤揉肉面使鹅腿肉面饱满，形成形似柳叶状的火腿，经3～4d的风干，转入发酵室，吊挂在木架上保持距离，以便通风，控制室内温度和湿度，经2～3周成熟发酵即可下架堆放，即为成品。

（7）成品　成品香味浓郁，色泽红白分明，肉质细嫩、紧密，外形美观。

十五、 羊肉火腿

1. 原料配方

成年羊后腿肉 5000g，精盐 250g，花椒 7.5g，八角 7.5g，桂皮 5g，生姜 50g。

2. 工艺流程

选料→修理→腌制→风干→成品。

3. 操作要点

（1）选料　选用符合卫生检验要求的新鲜成年羊后腿肉，作为加工的原料。

（2）修理　选好的羊后腿肉修割整齐。

（3）腌制　整理好的羊后腿肉放在案上，精盐炒干撒在羊腿肉上，再用竹针在腿肉上扎孔，进行揉搓，使盐浸入肉内。揉搓好的羊腿肉放入缸内，撒上花椒，腌制 14d，中间翻缸两次。14d 后，再熬煮一些盐水放凉，加入姜片、八角、桂皮，倒入缸内，再腌 7d，上面压以重物，压紧、腌透。

（4）风干　腌透的羊腿肉出缸，挂在阴凉通风的棚下进行风干，即为半成品，可以应市，食用时，再配制清汤煮制，汤沸后，改用小火煮制 2h，至肉熟即好。

（5）成品　羊肉火腿，肉质细嫩，色鲜味美，回味久长，适口不腻，酒饭皆宜，别有风味。

十六、 萨拉火腿

1. 原料配方

牛肉 7kg，猪瘦肉 1.5kg，白膘 1.5kg，食盐 0.5kg，玉果（肉豆蔻）粉 13g，胡椒粉 19g，胡椒粒 13g，白砂糖 50g，朗姆酒 50g，硝酸钠 5g。

2. 工艺流程

腌制→拌制→灌肠→烘烤→煮制→熏制→成品。

3. 操作要点

（1）腌制　选用新鲜牛肉和猪肉，去尽油筋，切成小块。按50kg肉加盐1.6kg的比例，将小块肉上盐加硝酸钠，在0℃冷库中腌制12h以上，取出用筛板孔直径为2mm的绞肉机将肉绞碎，重新装盘，再放入0℃冷库内腌制12h。白膘肉切成0.3cm肉丁，每50kg膘肉加盐0.4kg进行腌制。在冷库中冷却12h以上备用。

（2）拌制　按牛肉35kg，猪精肉7.5kg和白膘丁7.5kg比例将预先溶解于水的配料全部加入，充分拌匀，即成肉馅。

（3）灌肠　先将直径6～7cm的牛肠衣用冷水或温水洗净，用灌肠机灌肠。将灌肠吊挂在木棒上，推入烘房烘烤。

（4）烘烤　在65～80℃温度下烘烤1h左右即可出房，此时表皮干燥光滑，肉馅色泽酱红。

（5）煮制　水温加热至95℃后，关闭蒸汽，然后将肠坯入锅，每隔半小时翻肠一次，煮1.5h出锅，出锅温度不能低于70℃。

（6）熏制　成品出锅后挂入烘房内，用木屑烟熏，温度保持60～65℃经5h后停止。第二天再熏制5h再停，如此操作连续熏烟4～6次，共10～12d即为成品。

（7）成品　每根长约40cm，表皮棕褐色，有皱纹，肉馅酱红色，柔嫩爽口，香味浓厚。

第三节　腊肠加工

香肠，是指以肉类为主要原料，经切、绞成丁，配以辅料，灌入动物肠衣经发酵、成熟、干制而成的肉制品，是我国肉制品中品种最多的产品。

1. 原料配方

（1）上海无硝广式香肠　不加硝酸钠，而加入了葡萄糖液2～4kg，其他配料都与广式香肠相同。

（2）兔肉香肠　兔肉50kg，50度白酒1.5kg，食盐1.5kg，白糖1.75kg，味精150g。

（3）云南牛肉香肠　牛后腿肉35kg，猪肥肉15kg，50度白酒500g，白糖500g，食盐1.5kg，白酱油1.5kg，硝酸钠25g。

(4) 湖南香肠　瘦肉 80kg，肥膘 20kg，食盐 3kg（夏季为 3.5kg），白糖 2kg，五香粉 100g，硝酸钠 20g。

(5) 杭式香肠　瘦肉 85kg，肥膘 15kg，食盐 3.5kg，白糖 7kg，味精 100g，硝酸钠 50g，50 度白酒 3kg。

(6) 哈尔滨正阳楼香肠　瘦肉 90kg，肥膘 10kg，无色酱油 18kg，肉豆蔻粉 200g，桂皮粉 200g，砂仁粉 150g，花椒粉 100g，鲜姜末 1kg。

(7) 驴肉腊肠　驴瘦肉 35kg，肥膘 15kg，食盐 1.5kg，白糖 200kg，味精 50g，白酒 1kg，硝酸钠 25g，白胡椒粉 100g，鲜姜粉 100g，维生素 C 5g。

2. 工艺流程

原料选择及整理→拌馅→肠衣制备→灌肠→针刺放气→分节→冲洗→烘烤→成品。

3. 操作要点

(1) 原料选择及整理　选用经卫生检验合格的新鲜猪后腿或大排精瘦肉及背部肥膘（驴肉腊肠选驴肉）为原料。精肉整理，剔骨，修去肉坯上的杂质及色深和质老的肉块。将精肉切成 2cm 厚的肉条，漂净肉内残留血水，使其色泽再淡些，以保证成品中的精肉呈玫瑰红色。将肉片倒入水中漂洗 15～20min。清水需经常调换，以保证漂洗的质量。洗净油腻，待肉色变淡时再沥去水分，放进绞肉机内绞成 0.8～1cm 见方的精肉粒。肉粒不能发糊。绞肉机刀片必须定期磨，保持刀刃锋利。

切膘丁　用清水（冬天用 40℃左右的温水）洗去白膘上的油腻及杂质，修去肥膘上带的零散精肉和黄膘，修净边角。用刀将肥膘切成块状，逐层铺在容器里，送入－10℃左右的冷库中，冷藏 24h。待白膘变硬，切丁。根据选用肠衣的粗细，将整块白膘放进切膘机，一次放数块，切成 0.5～1cm 的膘丁，倒入有漏眼的容器内，冬天用 60℃左右的温水漂洗，水温不能过高，否则膘丁色泽会泛黄。水温也不能过低，否则膘丁上附着的油腻就洗不净。当膘丁显露洁白晶莹的光泽后，捞出沥去水分，趁热拌馅，以免冷凉后膘丁又粘连在一起。

(2) 拌馅 先把定量的糖、盐、硝酸钠（或葡萄糖）和白酒混合，然后倒入精肉粒，再倒入膘丁，在拌料机中搅拌均匀。为了便于搅拌均匀，可在配料中加入少量水，加水量不超过原料肉的10%，混匀后再与肉混合，搅拌时间要求不超过3min，以防肉馅发糊，增加肉馅与肠衣的黏着力，影响产品外观，同时也不利于烘烤和晾晒时水分的散发。若人工搅拌，应尽量缩短搅拌时间，一般不宜超过30min。在搅拌过程中，如发现膘丁集中在一起，可用手翻动肉馅，使精肉粒与膘丁分布均匀。

肉馅搅拌好后，不能放置过久，否则会引起盐析作用，影响肉馅与肠衣的黏着力，影响产品外观，应尽快灌制。灌制过程包括肠衣的准备、灌肠、针刺放气、分节、冲洗5个环节。

(3) 肠衣制备 肠衣主要有天然肠衣和人造肠衣两大类。

① 天然肠衣 由猪、牛、羊的大、小肠和牛的盲肠经自然发酵除去黏膜，再盐渍或干制而成，具有良好的韧性和坚实度，能承受加工过程中的压力，蒸煮时能和肠馅一起膨胀收缩，透气，可食用，是制作灌肠制品理想的原料。但天然肠衣直径不一，厚薄不均，对灌肠的规格和形状有一定的影响，使用前，需做特殊处理和在专门的条件下贮存。一般天然肠衣用干制或盐渍法来保存，前者使用前需温水泡软，后者需在清水中反复漂洗，以去掉盐分和污物。灌制时，要求所用的天然肠衣新鲜、颜色好、结实、没有肠内容物及脂肪等的附着，没有孔洞损伤，没有异味。

② 人造肠衣 用人工的方法将制作材料制成肠衣。依制作材料的不同有胶原蛋白肠衣、纤维肠衣、塑料肠衣等。

a. 胶原蛋白肠衣。用胶原蛋白制成，有可食性和不可食性两种。可食性胶原蛋白肠衣适合制作鲜肉香肠和其他小规格香肠，其特点是肠衣本身可吸收少量的水分，比较嫩，规格一致，有利于产销。不可食性胶原蛋白肠衣较厚，其大小规格不一，形状也各不相同。

b. 纤维肠衣。由植物纤维制成，能透过水分和水蒸气，可用于烟熏、染色和印刷，但不能食用。

c. 塑料肠衣。由聚偏二氯乙烯、聚氯乙烯或聚乙烯制成，只能煮，不能熏，颜色鲜艳，种类繁多，不能食用，一般有较好的力学性能和密封性能，经高温、高压杀菌后有较长的货架期。

腊肠加工一般选用天然肠衣。无论选用干制肠衣或盐渍肠衣，均需先放入清水中浸泡回软，冲洗干净，方能使用，但不宜泡得太久，以免因浸泡时间太长而膨胀，使灌成的肠变为不符合规格的粗肠。每 100kg 肉馅约需猪小肠衣 80m 或羊肠衣 100m。

（4）灌肠　分手工灌肠和机械灌肠两种方法。手工灌肠可配以漏斗，把制好的肉馅用漏斗装入肠衣。要使灌肠紧密饱满，粗细匀称，防止空气进入肠衣内。机械灌肠是用灌肠机把肉馅灌入肠衣内。选用气压或液压灌肠机为宜，把肉馅先装入灌肠机的缸筒内，压紧填实，上盖封紧。把肠衣套在灌肠嘴上，启动机器灌肠，使肉馅均匀灌入肠衣内。

（5）针刺放气　灌好的肠体置于案子上，用针板刺打肠体，排出肠腔内气体，使肉馅与肠衣粘贴紧密，也利于烘烤和晾晒时肠体内水分蒸发，缩短烘烤或晾晒时间。

（6）分节　根据成品规格要求，把肠体用线绳或水草结扎分节，长短要一致（可用米尺量一段扎一段），依据肠体长短，中间加上绳套若干，以便将肠体悬挂起来。粗肠应分挂，以便与细肠分开烘烤。束绳时发现破肠应立即用线绳或水草补扎。

（7）冲洗　经灌馅、扎草、束绳后，肠衣上还残存一些料液和油腻，洗涤工序的任务就是把这些东西洗干净，以免烘烤或晾晒后出现“盐花”，使肠体外表清洁光亮。一般冬天用两桶水，一桶温水（40～45℃），一桶凉水。先在温水里洗，然后再用凉水洗刷降温。其他季节只需一桶凉水便可。桶里的水要经常调换，以保持水质的清洁。洗净后沥干水分。

（8）烘烤　烘烤是整个生产过程中最重要的一个环节，直接影响香肠的色、香、味、形。按照工艺要求，烘房温度应控制在既能阻止肠内微生物迅速繁殖，又不会把肠馅烤熟，还要使肠体收缩均匀（即收身要好），含水率符合要求。

烘烤在烘房内进行，将冲洗后的肠体用竹竿吊挂在烘房内，温度控制在55℃左右。前期注意排湿，每2h通风排湿1次，需排湿2次。4h后，当肠呈红色时，将竹竿中间和两端的肠调换位置，以利烘烤均匀。继续烘烤4h，此时肠身自然收缩，出现明显的枣红皱纹，便可出烘房保温进行恒温烘烤，使肠子内部的水分继续蒸发，并在此基础上缓慢地收身定型，成为枣纹形的香肠。温度以45℃为宜，保温48～72h，经检验合格后即为成品。

烘烤达到要求的香肠，肠体表面干爽，内部结实，表层布满皱纹，瘦肉红润，肥膘透明，成品率约65%。烘烤时间依所用肠衣的不同而不同，用猪小肠衣者所需时间稍长，用羊肠衣者所需时间相对较短。

若无烤房也可晾晒，具体方法是将肠体悬挂在洁净、通风、干燥处，日光暴晒和风干结合，使肠体中水分散发。若气候干燥，阳光充足，晾晒需3～4d。但若遇阴雨天，时间要适当延长，有发生变质的危险时，要想办法进行烘烤。

亦可采用烘烤和晾晒相结合的方法，如刚灌制好的肠体，可先挂起晾晒，然后烘烤。一般情况下，白天晾晒，夜晚烘烤，晴天晾晒，阴雨天烘烤。如此配合，反复晾晒和烘烤，直到达到要求为止。

（9）成品整理及包装　按先进先出顺序取下成品。取时要轻拿轻放，防止腊肠折断。然后送成品间冷却4h进行剪肠。先剪肠身两端结头，以剪平圆口为标准。整理好的腊肠可装箱。成品不易久放或堆放，必须防止回潮。

一、 广式香肠

1. 原料配方

（1）配方一　猪瘦肉70kg，肥膘肉30kg，白酒（50度）3kg，食盐2.5kg，味精200g，白糖4kg，亚硝酸钠6g，酱油1.5kg，胡椒粉100g，鲜姜（剁碎挤汁）1kg。

（2）配方二　猪瘦肉 80kg，猪肥膘 20kg，食盐 2.2kg，白糖 8kg，60 度白酒 3kg，白酱油 2.5kg，硝酸钠 40g。

（3）配方三　猪瘦肉 70kg，猪肥膘 30kg，50 度白酒 2.5kg，盐 2.2kg，白糖 7.6kg，白酱油 5kg，硝酸钠 50g。

2. 工艺流程

选料整理→拌料→灌肠→晾晒烘烤→保藏。

3. 操作要点

（1）选料整理　选用卫生检验合格的生猪肉，瘦肉顺着肌肉纹络切成厚约 1.2cm 的薄片，用冷水漂洗，消除腥味，并使肉色变淡。沥水后，用绞肉机绞碎，孔径要求 1～1.2cm。肥膘肉切成 0.8～1cm 见方的肥丁，并用温水漂洗，除掉表面污渍。

（2）拌料　先在容器内加入少量温水，放入盐、糖、酱油、姜汁、胡椒面、味精、亚硝酸钠，搅拌和溶解后加入瘦肉和肥丁，搅拌均匀，最后加入白酒，制成肉馅。拌馅时，要严格掌握用水量，一般为 4～5kg。

（3）灌肠　先用温水将肠衣泡软，洗干净。用灌肠机或手工将肉馅灌入肠衣内。灌装时，要求均匀、结实，发现气泡用针刺排气。每隔 12cm 为 1 节，进行结扎。然后用温水将灌好的香肠漂洗一遍，串挂在晾晒烘烤架上。

（4）晾晒烘烤　将串挂好的香肠放在阳光下晾晒（如遇天阴、云雾很大或雨天，直接送入烘房内烘烤），阳光强烈时 3h 左右翻转一次，阳光不强时 4～5h 翻转一次。晾晒 0.5～1d 后，转入烘房烘烤，温度控制在 50～52℃，烘烤 24h 左右，即为成品。成品率一般在 62% 左右。若直接送入烘烤房烘烤，开始时温度可控制在 42～49℃，经 1d 左右再将温度逐渐提高。

（5）保藏　贮存方式以悬挂式最好，在 10℃ 以下条件，可保存 3 个月以上。食用前应进行煮制，即放在沸水锅里煮制 15min 左右。

4. 注意事项

（1）肥膘丁一定要用温水清洗，使其互相不粘连，并使肉丁柔软滑润，便于拌馅时与瘦肉料和各种配料混合均匀。

（2）拌馅的目的在于“匀”，拌匀为止，要防止搅拌过度，使肉中的盐溶性蛋白质溶出，影响产品的干燥脱水过程。拌好的肉馅不要久置，必须迅速灌制，否则瘦肉丁会变成褐色，影响成品色泽。

（3）灌制时要掌握松紧程度，不能过紧或过松，过紧会胀破肠衣，过松影响成品的饱满结实度。

（4）烘烤时必须注意温度的控制。温度过高脂肪易熔化，同时瘦肉也会被烤熟，这不仅降低了成品率，而且会使色泽变暗，有时会使肠衣内起空壁或空肠，降低品质；温度过低又难以干燥，易引起发酵变质。

二、 川式腊肠

1. 原料配方

（1）配方　猪瘦肉 80kg，猪肥膘 20kg，精盐 3.0kg，白糖 1.0kg，酱油 3.0kg，曲酒 1.0kg，硝酸钠 5g，花椒 100g，混合香料 150g（八角、山柰各 1 份，桂皮 3 份，甘草 2 份，荜拔 3 份研磨成粉，过筛，混合均匀即成）。

（2）仪器及设备　冷藏柜，绞肉机，灌肠机，排气针，台秤，砧板，刀具，塑料盆，细绳，烘烤房。

2. 工艺流程

选料与修整→配料→拌馅、腌制→灌制→排气→捆线结扎→漂洗→晾晒和烘烤→成品。

3. 操作要点

（1）选料与修整　四川腊肠的原料肉以猪肉为主，要求新鲜。瘦肉以腿臀肉为最好，肥膘以背部硬膘为好，腿膘次之。加工其他肉制品切割下来的碎肉亦可作为原料。原料肉经过修整，去掉筋腱、骨头和皮。瘦肉先切成小块，再用绞肉机以 0.8～1.0cm 的筛板绞碎，肥肉切成 0.6～1.0cm^3 大小的肉丁，用温水清洗 1 次，以除去浮油及杂质，捞入筛内，沥干水分待用，肥瘦肉要分别存放。

（2）天然肠衣准备　用干制或盐渍的猪小肠衣，要求色泽洁白、厚薄均匀、不带花纹、无沙眼等，在清水中浸泡柔软，洗去盐分后备用。肠衣用量，每 100kg 肉馅，约需 300m 猪小肠衣。

（3）配料　按配方称取各种辅料，混合均匀，加入 6%～10% 的温水，搅拌，使辅料充分溶解。

（4）拌馅、腌制　把瘦肉丁、肥肉丁和辅料混合均匀，腌制数分钟，即可灌制。

（5）灌制　将肠衣套在灌嘴上，使肉馅均匀地灌入准备好的肠衣中。

（6）排气　用排气针排打湿肠两面，以便排出肠内空气和多余的水分。切忌划破肠衣。

（7）捆线结扎　每隔 10～20cm 用细线结扎一道，不同品种、规格要求的长度也不同。

（8）漂洗　将湿肠用 35℃左右的清水漂洗 1 次，除去表面污物，然后依次挂在竹竿上，以便晾晒、烘烤。

（9）晾晒和烘烤　将悬挂好的肠放在日光下暴晒 2～3d，阳光强时每隔 2～3h 转动竹竿一次，阳光不强时每隔 4～5h 转一次。在日晒过程中，肠体胀气处应针刺排气。晚间送入烘烤房内烘烤，温度保持在 40～60℃。一般经过 3 昼夜的烘晒即完成。然后再晾挂到通风良好的场所风干 10～15d 即为成品。

（10）成品　在 10℃以下可保存 1 个月以上，也可挂在通风干燥处保存，还可进行真空包装。川式腊肠外表色泽红亮，切开后红白相间，色泽鲜亮，味道鲜美，香味浓郁，无黏液、无霉点、无异味、无酸败味。

三、四川麻辣香肠

1. 原料配方（按 100kg 猪肉计）

猪瘦肉 70kg，食盐 2.5kg，肥膘肉 30kg，花椒面 1.5kg，白酒 1kg，辣椒面 1.5kg，白糖 1kg，五香粉、胡椒粉、鸡精适量。

2. 工艺流程

选料腌制→灌肠→分段→晾晒→保藏。

3. 操作要点

(1) 选料腌制　将猪肉切成肉条 (1cm×3cm)。将所有调料放进切好的肉条中，拌匀，腌制12～24h。

(2) 灌肠　清洗干净肠衣，开始灌香肠。灌装时保证肠衣上下饱满，最后将肠衣打结密封。

(3) 分段　等整根香肠灌满以后，用牙签在香肠表面扎一些小孔，以利于通气，然后用线将其分段，大约15cm一段，每段之间用线扎紧。

(4) 晾晒　分好段的香肠晾晒在背阴通风的地方，一周以后即可食用；如晾晒在室外，晚上需要收回室内，避免露水打湿香肠。

四、哈尔滨风干香肠

1. 原料配方

(1) 配方一　猪精肉90kg，猪肥膘10kg，酱油18～20kg，砂仁粉125g，豆蔻200g，桂皮粉150g，花椒粉100g，姜100g。

(2) 配方二　猪瘦肉85kg，猪肥膘1.5kg，盐2.1kg，桂皮粉200g，丁香60g，姜1g，花椒粉100g。

(3) 配方三　猪瘦肉80kg，猪肥膘20kg，味精500g，白酒500g，盐2kg，砂仁150g，小茴香100g，豆蔻150g，姜1kg，桂皮400g。选用的精盐应色白、粒细、无杂质；选用酒精体积分数50%的白酒或料酒。

2. 工艺流程

原料肉选择→绞碎→搅拌→充填→日晒与烘烤→成品。

3. 操作要点

(1) 原料肉选择　原料肉一般以猪肉为主，以腿肉和臀肉为最好，肥膘一般选用背部的皮下脂肪。

(2) 绞碎　剔骨后的原料肉，首先将瘦肉和肥膘分开，分别切成长为1～1.2cm的立方块，最好用手工切。用机械切时，由于摩擦产热会使肉温提高，所以会影响产品的质量。目前，为了加快生产速度，一般采用筛孔直径为 15mm 的绞肉机绞碎。

(3) 制馅　将肥瘦猪肉倒入拌馅机内，开机搅拌均匀，再将各种配料加入，搅拌均匀即可。

(4) 灌制　肉馅拌好后，要马上灌制，用猪或羊小肠肠衣均可。灌制不可太满，以免肠体过粗。灌后，要求每根长 1m，且要用手将每根肠撸匀，即可上杆晾挂。

(5) 日晒与烘烤　将香肠挂在木杆上，送到日光下暴晒 2～3d，然后挂于阴凉通风处，风干 3～4d。烘烤时，室内温度控制在 42～49℃，最好温度保持恒定。温度过高使肠内脂肪熔化，产生流油现象，肌肉色泽发暗，降低品质。如温度过低，延长烘烤时间，肠内水分排出缓慢，易引起发酵变质。烘烤时间为 24～28h。

(6) 捆把　将风干后的香肠取下，按每 6 根捆成一把。把捆好的香肠横竖码垛，存放在阴凉、湿度合适的场所，一般干制条件为 22～24℃，相对湿度为 75%～80%。干制香肠成熟后，肠内部水分很少，在 30%～40%之间。

产品在食用前应该煮制，煮制前先用温水洗一次，刷掉肠体表面的灰尘和污物。开水下锅，煮制 15min 即可出锅，装入容器晾凉即为成品。

五、 武汉腊肠

1. 原料配方

瘦肉 70kg（用绞肉机绞碎），肥肉 70kg（切成肉丁），硝石 50g，汾酒 2.5kg，细盐 3kg，味精 0.3kg，白糖 4kg，生姜粉 0.3kg，白胡椒粉 0.2kg。

2. 工艺流程

原料及辅料选择→切肉配料→灌制→漂洗→日晒和火烘→保藏。

3. 操作要点

(1) 原料及辅料选择　原料肉以猪肉为主，最好选择新鲜的大腿肉及臀部肉（瘦肉多且结实，颜色好）。肠衣最好选择直径 26～28mm 的猪肠衣。辅料用洁白精盐、白砂糖、大曲或高粱酒和上等酱油。

（2）切肉配料　先将皮、骨、腱全部剔除，把肥肉切成 $1cm^3$ 的小方块，按照配方进行配料。

（3）肠衣及麻绳　肠衣可用猪或羊的小肠衣。干肠衣先用温水浸泡，回软后沥干水分待用。麻绳用于结扎香肠。

（4）灌制　将上列配料与肉充分混合后，用漏斗将肉灌入肠内。每灌到 12～15cm 长时，即可用绳结扎。如此边灌边扎，直至灌满全肠。然后在每一节上用细针刺若干小孔，以便于烘肠时水分和空气外泄。

（5）漂洗　灌后的湿肠，放在温水中漂洗 1 次，以除去附着的污染物。然后依次挂在竹竿上，以便暴晒和火烘。

（6）日晒和火烘　灌好的香肠即送到日光下暴晒（或进烘干室烘干）2～3d，再送到通风良好的场所挂晾风干。在日晒过程中，若肠内有空气存在时，该部膨胀，应用针刺破将气体排出。如用烘房烘烤时，温度应掌握在 50℃左右，烘烤时间一般为 1～2 昼夜。

（7）保藏　香肠在 10℃以下的温度，可以保藏 1～3 个月，一般应悬挂在通风干燥的地方。

六、 湖南大香肠

1. 原料配方

（1）配方　鲜猪肉 100kg，精盐 3kg（夏季 3.5kg），白糖 2kg，五香粉 100g，硝酸钠 20g。

（2）仪器及设备　冷藏柜，绞肉机，灌肠机，排气针，台秤，砧板，刀具，塑料盆，烤炉。

2. 工艺流程

原料选择→原料整理→拌馅→灌肠→烘烤→成品。

3. 操作要点

（1）原料选择　湖南大香肠的原料构成同如皋香肠一样，肥瘦肉比例也是 2∶8。

（2）原料整理　去净肉坯中的皮、骨、筋腱、衣膜、淤血和伤斑，清洗干净并沥干水分，肥膘和瘦肉拌和剁碎。

（3）拌馅　将剁碎的肉在案板上摊开，撒盐反复拌 4 次，装缸腌 5～8h（夏季 3～4h），再把白糖、五香粉、硝酸钠加入拌匀，出缸灌制。

（4）灌肠　灌肠前先把肠衣里的盐汁洗净，排除肠内空气和水分。利用灌肠机将肉馅均匀地灌入肠衣内，用针在肠身上戳孔以放出空气，用手挤抹肠身使其粗细均匀、肠馅结实，两端用花线扎牢，最后用清水洗去肠外的油污、杂质，挂在竹竿上送烘房烘烤。

（5）烘烤　烘房温度，初时 25～28℃。关门烘烤后，逐渐升温，最高可达 70～80℃。5h 后，视香肠的干度情况将温度降到 40～50℃，出烘房前 3～4h 再将温度降至 30℃。

七、北京香肠

1. 原料配方

（1）主料　猪瘦肉 42.5kg，肥膘肉 7.5kg。

（2）辅料　精盐 1.5kg，酱油 1.5kg，白糖 1.25kg，豆蔻 50g，砂仁 50g，花椒面 50g，鲜姜 250g（剁碎用），硝酸钠 5g。

2. 工艺流程

选料整理→拌料→灌装→晾晒。

3. 操作要点

（1）选料整理　选用卫生合格的猪后腿肉和背部硬肥膘肉，剔去骨头、筋腱。将瘦肉和肥膘分别切成 1cm 左右的方丁肉块。肥丁用温水漂洗一次，除去浮油、杂质，沥去水分。切（绞）肉设备，在肉制品加工过程中，无论什么品种，都要对原料肉进行切块（片）或绞碎，所以，切肉机和绞肉机是生产肉制品不可缺少的设备。切肉机通过更换不同的刀具，可以根据需要切割成不同规格的肉块或肉片。绞肉机通过调换筛板，可绞成大小不同的肉粒。切肉机和绞肉机，各地均有生产，可根据实际条件选用不同的规格型号。

(2) 拌料　肥、瘦肉丁混合在一起，加入精盐和硝酸钠，揉搓拌匀。放置10min后，将其他配料全部加入，搅拌均匀。斩拌（拌馅）设备，一般绞肉机绞碎的肉粒，多为中粗粒度，如果某些肉制品要求肉馅更细些或者需要乳化的灌肠，以提高成品率和产品质量，就要利用斩拌机。斩拌机既有细切割作用，又有搅拌作用，在斩拌过程中可将各种辅料添加进去。斩拌机按类型可分为普通斩拌机和真空斩拌机。国外应用较普遍的是真空斩拌机，能避免空气打入肉的蛋白质结构，从而提高肉馅的乳化性能。对于不采用斩拌工序的产品，应使用搅拌机（或称拌馅机）进行拌馅，使肉与各种辅料搅拌均匀。搅拌机也分为普通搅拌机和真空搅拌机，可根据条件选用。

(3) 灌装　将拌好的馅料，用机器或人工灌入浸软的肠衣内。灌装要粗细均匀，每隔20cm结扎为一节。灌好的香肠放在温水中漂洗一次，除去表面沾染的油污和杂质，使肠体清洁，用针刺排出空气和水分。灌装是生产灌肠制品的重要工序，该过程为借助机械作用将拌好的肉馅灌入肠衣或其他包装材料内。灌装机主要分为液压灌肠机和真空灌肠机两大类。目前，国内外生产的新型真空灌肠机，多采用自动定量和无级调速装置，既能排除肉馅中含有的大气泡，又带有自动结扎或扭结装置。

(4) 晾晒　灌好的香肠串在竹竿上，在日光下晾晒，冬季15d左右，春秋季7～8d，即为成品。也可以不经晾晒，直接送烘房烘烤。成品率为60%～65%。

八、台式香肠

1. 原料配方

(1) 配方一　瘦肉65.000kg，肥肉35.000kg，淀粉15.000kg，桃美素0.020kg，益色美0.030kg，特香灵A0.100kg，超霸味A 0.200kg，糖5.000kg，盐1.800kg，味精1.000kg，特香肉精膏0.150kg，肉香素0.136kg，高浓肉精粉0.050kg，富丽磷11号

0.100kg，富丽磷12号0.100kg，冰水15.000kg，红色六号适量，无色PCCC0.600kg，五香粉0.050kg，肉桂粉X0.050kg，己二烯酸钾0.014kg，胡椒粉0.200kg，肠类成型剂0.200kg。

（2）配方二　瘦肉65.000kg，肥肉35.000kg，淀粉15.000kg，特香灵A0.100kg，超霸味A 0.200kg，糖5.000kg，盐1.800kg，味精1.000kg，特香肉精膏0.150kg，肉香素0.136kg，高浓肉精粉0.050kg（0.04%），富丽磷11号0.100kg（0.07%），富丽磷12号0.100kg（0.07%），冰水15.000kg（10.73%），PCCC 0.600kg（0.43%），五香粉0.050kg（0.04%），肉桂粉X 0.05000kg（0.04%），己二烯酸钾0.014kg（0.01%），胡椒粉0.200kg（0.14%），肠类成型剂0.200kg（0.14%）。

说明：配方一和配方二的区别主要在PCCC香肠综合料，配方一是使用无色PCCC，而配方二使用的PCCC本身已经带颜色，故无需添加色素。

2. 所需设备

冻肉刨片机，冻肉绞肉机，调速打桶，灌肠机，烤箱，蒸煮箱，包装机，保鲜库，冷藏库。

3. 所使用添加剂名录

（1）肉香素　橘红色油状液体，直接添加入食品中0.05%～0.3%，可使食品具有较圆润、自然醇和的肉香，使其肉质感强，留香持久。其添加量少，且耐高温耐冻性非常好，是一种较迎合大众口味的天然肉类增香精。

（2）特香肉精膏　呈红褐色膏状，直接添加入食品中0.1%～0.4%，则肉香味明显突出、浓香；口感逼真、醇厚、保香稳定性好。

（3）高浓肉精粉　白色粉末状，加工后半部加入0.1%～0.4%，可使食品具有较浓郁的肉味香气，且饱满、自然，肉感强，香气稳定，耐高温，耐冻。

（4）PCCC　粉末状，直接添加入食品中0.3%～1.0%，为复合香肠调味料，香气浓而自然，留香持久，自身带有发色、护色剂和色素。

(5) 特香灵 A　粉末状，直接添加入食品中 0.02%～0.1%，有增香、抚香、定香的作用。

(6) 无色 PCCC　粉末状，直接添加入食品中 0.3%～1.0%，为独特的香肠调味料，自然本色，风味独特，口感佳，自身不带色素、发色剂、护色剂。

(7) 肉桂粉 X　白色粉末状，直接添加入食品中 0.03%～0.08%，为调味香辛料，起提味、增香、去除膻腥味等作用。

(8) 超霸味 A　白色粉末状，直接添加入食品中 0.05%～0.2%，可使食品鲜度高、味道浓、用量少、效果好。

(9) 富丽磷 11 号　白色粉末状，打浆前加入 0.1%～0.25%，能保持肉质嫩化，增加弹性，防止冷冻后脱水。

(10) 富丽磷 12 号　白色粉末状，打浆前加入 0.1%～0.25%，可增加黏度、增强脆性、一般与 11 号合用。

(11) 桃美素　白色粉末状，加入滚揉腌制待用，用量≤0.03%起发色剂、防腐剂的作用，用于香肠、亲亲肠类。

(12) 益色美　白色粉末状，与发色剂一起加入，用量 0.005%～0.1%，为保色剂，能防止食品的氧化变黑、颜色褪败。

(13) 己二烯酸钾　白色颗粒状，腌渍时加入 0.01%～0.03%，对有害酵母菌、好气性菌有强力抑菌作用。

(14) 肠类成型剂　白色粉末状，直接加入 0.3%～0.5%，能改善制品组织结构，使咬感佳、切片好；提高制品成品率。

4. 工艺流程

原料处理→绞肉、腌制→混合搅拌→灌肠、打节→烘烤→蒸煮→冷却→速冻→包装→成品。

5. 操作要点

(1) 原料处理　一般选用符合国家标准的新鲜猪肉为最好，但在工厂的实际生产中，为保存和运输方便常使用冻肉。一般来说，肉经冷冻再解冻其保水性、风味都比鲜肉要差。冻肉应采用自然解冻，修整好的瘦肉、肥肉用筛板绞碎，要求绞出的肉粒完整无糊状。

(2) 腌制　腌制的主要目的是发色，提高保水性和风味。腌制中起重要作用的是食盐、发色剂、保色剂。食盐的添加量既要适合人的口味，又要使成品具有鲜嫩的口感。发色剂、保色剂的最佳投放量则要使产成品色泽红润、改善风味、抑制氧化、抑制细菌繁殖。同时又要使亚硝酸钠的残留量低于国家标准规定的要求。然而还应对原料肉的新鲜程度、腌制时间、腌制温度、搅拌均匀程度等有关因素实施控制。

① 将桃美素、益色美、食盐用水溶解后，放入已绞碎的瘦肉中，充分搅拌均匀即可。

② 腌制隔夜以上，使肉馅充分发色。

(3) 混合搅拌　正确掌握辅料的添加顺序。首先将腌制好的瘦肉加入富丽磷 11 号、12 号混合搅拌，因为富丽磷 11 号可增强肉质和水分之间黏和性及渗透力，可起到防止水分损失，提高其保水保油、增重的效果。富丽磷 12 号可破坏猪肉细胞纤维，增加制品的弹性及脆度。然后再加入糖、味精、超霸味 A、香精香料、淀粉、冰水、色素继续混合搅拌，最后加入肥肉混合搅拌均匀即可。

(4) 灌肠　手握肠衣，要松紧适当灵活掌握，随时注意肠内肉馅的松紧情况，每灌完一根肠衣，随即交与后面一人捆扎，交接时前后两人需互相配合，注意速度。捆扎时应结紧结牢，不使松散，灌满肉馅后的肠子，须用棉绳在肠衣的一端结紧结牢，以便悬挂，捆绑方法因品种而异。注意空洞，随时刺破放气，灌肠时很容易带入空气，在肠内形成气泡。这种气泡须用针刺破放出空气，否则成品表面不平而且影响质量，影响保存期。刺孔时须特别注意肠子的两端，因顶端容易滞留空气。

(5) 烘烤　灌装好的香肠应及时送入烤箱中进行烘烤。通过干燥使产品充分发色、水分蒸发，从而形成产品特有的风味、口感和组织结构。控制干燥温度，过高会使肠衣干燥过快，肠内水分不能排出，肠内脂肪熔化，出现空隙出油，污染香肠表面。温度过低，糖在组织酶和微生物的作用下产酸发酵，产品变性，发色效果差。

（6）蒸煮　蒸煮初温要适当高于蛋白质凝固点，蛋白质过热，慢慢变性，可紧紧地将水及脂肪包住。如果一开始就用高温加热，那么接近肠衣表层的肉浆热变性剧烈，导致香肠外表可见苍白肉纹，影响外观。若时间再长一点，又会使脂肪球受热膨胀，将凝固的蛋白质撑破，内部脂肪流出，影响凝胶结构的弹性，使肠体表面出现走油现象。

（7）冷却、速冻　将烘烤（蒸煮）好的香肠在常温下冷却至室温，然后送入速冻库内速冻至中心温度－18℃以下。

（8）包装　依所需规格包装，置于－18℃冷冻库冷藏。

九、如皋香肠

（一）方法一

1. 原料配方

猪后腿肉 100kg，白糖 5～6kg，精盐 4～5kg，60 度曲酒 1kg，酱油 2kg，另加适量葡萄糖代替硝酸钠作为发色剂。

2. 工艺流程

选料→修整→拌馅→灌肠→晾晒→成品。

3. 操作要点

（1）选料　如皋香肠选料较严，猪肉都具有一定的膘度，过度瘠瘦的从不采用，坚持以后腿精肉为主，夹心肉为辅。膘以硬膘为主，腿膘为辅，肥瘦比例一般为 2∶8 或 1∶3。

（2）修整　去净肉坯中的皮、骨、筋腱、衣膜、淤血和伤斑，将肥膘、精肉分别切成 1～1.2cm 见方的小粒。

（3）拌馅　将精肉粒置于拌料机下层，白膘丁置于上层，将食盐撒在肉面上，先将膘丁揉开，再上下翻动，使膘丁与肉粒充分拌和。腌 30min 后，再加入糖、酱油等其他辅料并充分搅拌，稍停片刻，再翻动 1 次即可灌馅。

（4）灌肠　灌装前先用清水将肠衣内外漂洗干净，利用灌肠机将肉馅均匀地灌入肠衣内，用针在肠身上戳孔以放出空气，用手挤抹肠身使其粗细均匀、肠馅结实，两端用花线扎牢，最后用清水洗去肠外的油污、杂质，穿挂在竹竿上以待晾晒。

（5）晾晒　将香肠置于晾晒架上晾晒，肠与肠之间须保持一定距离，以利通风透光。晾晒时间应根据气温高低灵活掌握，冬季一般晾晒 10～12d，夏季 6～8d，晾晒至瘦肉干、肠衣皱，即可入库保管。成品率 70%左右。

4. 注意事项

（1）搅拌时每盘不得超过 50kg，拌匀即可，搅拌过度会成糊状。肉馅备放时间不宜过久。

（2）灌肠时要掌握松紧程度，肠要装满，不能有空心或花心。过紧会胀破肠衣，过松影响成品的饱满结实度。

（3）用针板在肠衣上刺孔时，下针要平，用力不可过猛，刺一段移一段，不可漏刺，否则肉馅会受热膨胀，使肉馅与肠衣“脱壳”，为空气的进入和肉馅的氧化创造条件。

（4）晾晒时要避免烈日暴晒，热天中午要盖芦席以遮挡阳光，以免出油影响品质。

（5）如皋香肠晒干后不宜立即食用，还要再存放 20～30d，才能完全成熟，成熟的香肠芳香四溢，风味更佳。

（二）方法二

1. 原料配方

猪瘦肉 70kg，肥膘肉 30kg，食盐 8kg，曲酒（60 度）2kg，白糖 10kg，酱油 4kg，葡萄糖、硝酸钠适量。

2. 工艺流程

选料整理→拌料→灌肠→晾晒→保藏。

3. 操作要点

（1）选料整理　选用卫生检验合格的生猪肉，切条，肥膘肉切成 0.8～1cm 见方的肥丁，并用温水漂洗，除掉表面污渍。

（2）拌料　先在容器内加入少量温水，加盐、硝酸钠拌和，溶解后加入瘦肉和肥丁，搅拌均匀，制成肉馅，腌制约 0.5h。然后再加糖、酱油、酒拌和，要拌得匀透。

（3）灌肠　先用温水将肠衣泡软，洗干净。用灌肠机或手工将肉馅灌入肠衣内。灌装时，要求均匀、结实，发现气泡用针刺排气。然后用温水将灌好的香肠漂洗，串挂在晾晒烘烤架上。

(4) 晾晒 将穿挂好的香肠放在阳光下晾晒，一般冬天为10～12d，夏天为 7～10d。

(5) 保藏 贮存方式以悬挂式最好，在 10℃以下条件可保存 3 个月以上。

十、 猪肝腊肠

1. 原料配方

猪修整碎肉 50kg，猪背部脂肪（丁）30kg，猪肝 20kg，食盐 2.5kg，白糖 1kg，酱油 250g，肉桂 62g，亚硝酸钠 16g。

2. 工艺流程

原料选择→绞肉→拌馅→充填→熏烤→成熟→成品。

3. 操作要点

(1) 原料选择 选择经兽医卫生检验合格的原料肉。

(2) 绞肉 切块的猪修整肉通过粗斩或绞肉机（12mm 孔板）绞碎，将冷却过的背部脂肪切成 $6mm^3$ 的丁。将猪肝通过绞肉机（3mm 孔板）绞碎。

(3) 充填、熏烤、成熟 在搅拌机内，将原料和辅料充分混合，然后充填入 20mm 左右的天然肠衣或者纤维素肠衣。每根香肠长 102mm，在温度为 49℃的烟熏室内加热 48h，再在 15～18℃下成熟 24～48h，包装后就是成品。

十一、 兔肉香肠

1. 原料配方

(1) 主料 兔肉 12.5kg，猪肉 12.5kg。

(2) 辅料 食盐 0.75kg，香油 0.5kg，酱油 1.0kg，白糖 1.0kg，黄酒 0.5kg，姜末 40g，五香粉 25g，味精 40g。

2. 工艺流程

选料切分→混合→灌肠→风干或烘干→成品。

3. 操作要点

（1）选料切分　先选去骨兔肉和去皮猪肉各12.5kg，均切成核桃大的方块。

（2）混合　将切割好的原料肉混合在一起，放辅料充分搅均匀。

（3）灌肠　待放置1～2h，灌入泡软、洗净的肠衣内。每条香肠要每隔14～15cm用细麻绳扎一节，发现气泡用针板打孔放出气体。

（4）风干或烘干　把灌好的香肠搭在竹竿上或绳子上，在阴凉通风处风干，或送进烤炉中烘干。若在烤炉中烤制，炉温在60～70℃之间，经3～4h，见肠体干爽就可出炉。

（5）成品　烘晾成的香肠，如不急需食用，可一根一根有间隙地挂在竹竿或绳上，并将竹竿有间隙地架在挡雨而又阴凉通风处存放。

十二、牛肉香肠

1. 原料配方

（1）主料　生牛肉35kg，猪肥膘肉15kg。

（2）辅料　食盐1.5kg，白色酱油1.5kg，白糖3kg，白酒500g，亚硝酸盐3g。

2. 工艺流程

原料整理→制馅→灌装→烘烤或晒干→成品。

3. 操作要点

（1）原料整理　选用健康无病的新鲜牛肉，以后腿为最好，剔除骨头、筋腱，冷水浸泡，沥去水分，用绞肉机绞成1cm的小块。去皮的猪肥膘肉切成1cm的方丁，用温水漂洗一次，沥去水分。

（2）制馅　将绞碎的牛肉和猪肥丁混合，加入精盐和亚硝酸钠，用手反复揉搓5min左右，使其充分混合均匀，放置10min。将白色酱油、白糖、白酒混合，倒在肉块上搅拌均匀，即成肠馅。

（3）灌装　用温水将猪肠衣泡软、洗净，用灌肠机或手工将肠馅灌入。每间隔20cm，结扎为1节。发现气泡，用针板打孔排气。灌完扎好的香肠，放在温水中漂洗一次，除去肠衣外黏附的油污等。

（4）烘烤或晒干　将香肠有间隙地搭在竹竿上，挂在阳光下晒干，或直接在烤炉里烘干。烤炉内的温度先高后低，控制在60～70℃之间，烘烤3h左右。烘烤过程中，随时查看，见肠体表面干燥时就可出炉。挂在通风处，风干3～5d，待肠体干燥、手感坚挺时，即为成品。成品率62%。

（5）成品　本产品为生制品，食用前蒸或煮制15min左右。鲜香味美，食之爽口。

十三、卤香肠

1. 原料配方

（1）香肠原料　猪肉50kg（其中瘦肉占60%～70%，肥肉占30%～40%），白糖2.3kg，食盐1.2kg，五香粉20g。肠衣可采用猪或羊的小肠衣。

（2）卤汤的配制　50kg清水需配入陈皮400g，甘草400g，花椒250g，八角250g，桂皮250g，丁香25g，草果250g，白糖1.1kg，酱油2.2kg，食盐3kg。将白糖、酱油、食盐直接加入清水中并搅拌使之溶解、分散均匀，余下的配料装入小白布袋内，用线绳扎口，制成料包，把料包也放进清水中，煮沸1h，捞出料包，即制成卤汤。一个料包通常可使用4～5次。

2. 工艺流程

搅肉及切肉→拌料→灌制→卤制→烘烤→风干→贮藏→成品。

3. 操作要点

（1）搅肉及切肉　瘦肉用绞肉机绞碎，肥肉则用刀切成$1cm^3$左右的粒状。

（2）拌料　按比例将碎肉与配料放在盆内拌匀。

（3）灌制　先将肠衣用热水湿透、洗净，再将拌好的肉通过漏斗灌入肠内，使肠饱满，每灌到15cm左右时用绳扎紧卡节，随后用细针把肠衣插孔，排出空气，以免肠体表面出现凹坑，同时便于卤煮时进味以及烘烤时水分外泄、蒸发。

（4）卤制　将香肠放入温度保持在90℃左右的卤水锅内卤煮，火力不能太猛，以防肠衣破裂。30min后可捞出。

（5）烘烤　将卤制好的香肠送入烤炉或烤箱里烘干，烘烤温度应控制在60～70℃之间，烘烤时间则根据香肠的数量灵活掌握，通常烘烤4～5h，观察到肠体表皮干燥时即可。

（6）风干　将烤好的香肠悬挂于凉爽通风处，风干至肠体干燥，手摸有坚挺感觉时即为成品。风干通常需3～5d。

（7）贮藏　将成品悬挂在阴凉干燥处，可存放3～5个月不会变质。

十四、果脯香肠

1. 原料配方

猪肉100kg（其中瘦肉占60%～70%，肥肉占40%～30%），冬瓜蜜饯3kg，金丝蜜枣3kg，橘饼3kg，曲酒2.5kg，盐2.8kg，白砂糖4kg，亚硝酸钠10g，维生素C 10g。

2. 工艺流程

选料→切肉→拌料→灌肠→烘烤→风干→贮存。

3. 操作要点

（1）选料　猪肉选后腿臀部肌肉和前腿夹心肉及背膘；果脯选色泽正常，无虫、无霉变者。

（2）切肉　为使果脯味在肉中渗透均匀，瘦肉应切成0.5cm^3的小颗粒，肥肉则切成1cm^3的颗粒。

（3）拌料　拌料前，先将果脯切成小颗粒并用乳钵擂捣成泥状，然后将切好的肉置于盆中，再倒入凉开水（不得超过肉量的5%）和泥状果脯以及其他辅料，充分拌匀。

（4）灌肠　先将肠衣用热水湿透、洗净，再将拌好的料通过机械或手工灌入肠内，使肠饱满，每灌到15cm左右时用绳扎紧卡节，随后用细针将肠衣插孔，排出空气，以免肠体表面出现坑，然后用30℃温水漂洗，除去表面的污油。

（5）烘烤　将漂洗后的香肠挂在竹竿上，先晾干表面水分，然后进行烘烤烟熏或晾晒，烘烤烟熏时以50～60℃为宜，温度过高使脂肪熔化，出现空隙，污染香肠表面，降低品质；温度过低，不利于干燥，且易引起发酸变质。同时注意经常翻动，使水分蒸发均匀，晾晒时不得与雾接触。

（6）风干　将烤好的果脯香肠悬挂于凉爽通风处，风干至肠体干燥，手摸有坚挺感觉时即为成品。风干通常需3～5d。

（7）贮存　将成品悬挂在阴凉干燥处，可存放3～5个月不会变质。

十五、五熏干肠

1. 原料配方

50kg原料肉（猪瘦肉7.5kg，猪肥肉12.5kg，牛瘦肉30kg），精盐1.75～2.25kg，白糖1kg，味精100g，胡椒面75g，胡椒粒75g，优质白酒500g，硝酸钠25g，猪或牛的小肠衣适量。

2. 工艺流程

原料选择与修整→腌制→绞碎→搅拌→灌制→烘干→成品。

3. 操作要点

（1）原料选择与修整　必须选用经卫生检验合格的新鲜特等原料，特别是不能用老牛肉，也不能带筋和肥肉，猪肥肉也要选择优质的。将原料肉清洗后，切成大小均匀、5～6cm左右的小块。

（2）腌制　将盐和硝酸钠与肉块拌匀后，放在漏眼容器内腌制，使血水及时流出，使肉质干柔，贮存在腌制间约7d。

（3）绞碎　将瘦肉装入直径2～3mm的绞肉机里，绞成肉泥状为止。

（4）搅拌　搅拌前，猪肥肉切成0.5～0.8cm的小方丁，在淀粉中加入25%～30%的清水，将淀粉浆倒入瘦肉泥中搅拌均匀，再把肥肉丁和味精、胡椒粒等一起倒入馅内搅拌均匀。

（5）灌制　把肠衣内外洗净，控去水分，用灌肠机将肉馅灌入肠衣内，用棉线绳扎紧。灌好馅后，要拧出节来，并在肠上刺孔放气。

（6）烘干　使用烤炉烘烤至肠皮干爽为止（60min左右）。

4. 注意事项

（1）原料肉修整时，切块不能大小不一，避免在腌制过程中出现渗透不均的现象。

（2）绞瘦肉时必须注意防止其在绞碎过程中由于机器转速过快，使肉馅温度升高，影响肉馅质量。

（3）拌馅时，由于老猪肉的吃水量比一般猪肉多，淀粉浆中可适当多加点水，同时在肉馅内再加2%的精盐，因为在腌制过程中盐水流失，需要补充一部分盐。

（4）拌馅后，馅的质量标准应达到：有80%以上的瘦肉泥变红，并有充分的弹力；馅的加水量要适当，不能使其成为乳浆状；肥肉小方块应分布均匀，肉馅温度10℃左右，并有充分的黏性。

（5）由于肠衣在整个加工过程中，有15%左右的收缩率，因此，灌肠后切断肠衣时，必须留出可能收缩的部分。灌好馅后，要拧出节来，并在肠上刺孔放气，使红肠煮熟后不致产生空馅之处。

（6）为了提高熏干肠的质量，烘干时可用木柴烘烤代替烤炉烘烤，使用的木柴要不含或少含树脂，以硬杂木为宜。如用桦木一定要去皮，主要是为了避免产生黑烟，将红肠熏黑。烤时，肠与肠之间的距离以3～4cm较为合适，太挤了则烤不均匀；肠挂在炉内，与火苗距离应掌握在60cm以上，与火的距离太近，会使肠尖端的脂肪烤化而流失，甚至还会把肠尖端的肉馅烤焦，每隔5～10min要把炉内的肠从上到下和离火远近调换一下位置，避免烘烤不匀。温度要经常保持在65～85℃，烤1h左右，使肠衣干燥，呈半透明状，没有黏湿感，肉馅初露红润色泽，肠头附近无油脂流出，就算烤好。

十六、夹肝香肠

1. 原料配方

50kg 原料肉（猪肝 15kg，猪瘦肉 15kg，猪肥肉 20kg），精盐 1.25kg，白酱油 2.5kg，白糖 3kg，白酒 1.9kg，姜汁 500g。

2. 工艺流程

原料选择与修整→洗涤→搅拌→灌制→烘烤→风干→煮制→成品。

3. 操作要点

（1）原料选择与修整　选用经卫生检验合格的鲜猪肝及鲜、冻猪肥、瘦肉为原料，经修割符合质量和卫生标准后将猪肝及猪肥、瘦肉分别切成 1cm 见方的肉丁。

（2）洗涤　把切好的三种肉丁，分别用清水洗涤干净。

（3）搅拌　把洗净的各种肉丁和所有调味辅料混合在一起，用搅拌机搅拌均匀。

（4）灌制　把羊肠衣清洗干净，控去水珠，再将肉、肝馅灌入肠衣内，根据需要的长度掐成节。

（5）烘烤　把灌好的夹肝肠半成品挂入恒温为 50℃ 的烤炉内，烘烤 15h 后取出。

（6）风干　把烤好的夹肝肠用竹竿穿起，挂在通风处晾 7d，待风干后煮制。

（7）煮制　煮锅内放入清水烧开后将夹肝肠放入，煮 20min 左右即成熟捞出，晾凉，即为成品。夹肝香肠的成品为 30kg 左右。

（8）成品　夹肝香肠表面呈红褐色，脂肪呈乳白色，肠体质干而柔，有粗皱纹，没有弹力，肉丁突出。灌制肉馅均匀，无气孔，不破不裂，粗细长短齐整。

4. 注意事项

（1）原料洗涤时，尤其是猪肝丁，需要用清水浸泡 10～15min，充分清除血水。

（2）拌好的馅料不要久置，必须迅速灌制，否则瘦肉丁会变成褐色，影响成品色泽。

（3）灌制时要掌握松紧程度，不能过紧或过松，过紧会胀破肠衣，过松影响成品的饱满结实度。

（4）挂于通风干燥处，能保管 7d 以上。

十七、风味香肚

香肚用猪膀胱灌馅加工而成，以南京香肚最为著名。各地香肚加工方法基本相同，主要在配料上有所不同。

1. 原料配方

（1）小香肚　瘦肉 70kg，肥膘 30kg，食盐 2.5kg，味精 100g，硝酸钠 40g，大茴香粉 250g，胡椒粉 100g，五香粉 100g。

（2）南京香肚　瘦肉 70kg，肥膘 30kg，白糖 5kg，食盐 3kg，五香粉 50g，硝酸钠 50g。

（3）南味香肚　瘦肉 70kg，肥膘 30kg，白酱油 16kg，白糖 5kg，50 度以上曲酒 3kg，硝酸钠 40g。

2. 工艺流程

原料肉选择和整理→制馅→灌肚→扎口→晾晒→晾挂发酵成熟→成品。

3. 操作要点

（1）原料肉选择和整理　选择符合卫生标准的瘦肉及肥膘，去杂物，清洗干净。

（2）制馅　将瘦肉切成蚕豆粒大小的块，肥膘切成黄豆粒大小的丁，加入配料搅拌均匀，20～30min 后便可装馅。

（3）膀胱皮的制作　制作方法有干制和盐渍两种。

① 干制膀胱皮　选用新鲜膀胱，剪去膀胱颈，排出尿液，适当保留膀胱颈两侧的输尿管，以便充气检查是否有小孔漏气，漏气的膀胱可用于制作盐渍膀胱皮。修去膀胱表面筋油，然后把膀胱放入氢氧化钠溶液中浸泡，因季节和气温不同，氢氧化钠溶液的浓度也不一样。一般夏季浓度配成 3.5%，其他季节配成 5%。膀胱放入氢氧化钠溶液后充分搅拌。浸泡时间夏季需 5～6h，春、秋季 10h 左右，冬季 18h 左右，浸泡至膀胱呈紫红色时为止。为了浸泡均匀，期间要搅拌 3～4 次。泡好后捞出沥干水，再在清水中浸泡，

约 10d，每天至少换水 1 次，同时充分搅拌，轻揉洗涤，直至膀胱色泽变为洁白时为止，然后洗净捞出沥干水分，注意把膀胱内积水排出。用空气压缩机或打气筒向膀胱内充气，使膀胱鼓起呈球形。注意充气不要太足，以防破裂，一般八九成为宜。膀胱颈口用夹子夹紧，以防漏气。充气后挂起晾干或烘干。将晾干的膀胱皮取下，剪去夹子夹住的黏合在一起的膀胱颈口部分，同时立即放气，把膀胱皮压扁，注意要使两侧输尿管分别在被压扁的膀胱皮两侧边缘上。根据膀胱皮的大小分别按大小不同的香肚模型板裁剪，然后用缝纫机缝合周边，上部（原膀胱颈口处）留口，即成干制膀胱皮。每 50 个捆一把，于干燥通风处保存。

② 盐渍膀胱皮　主要选用有小孔漏气的膀胱，还有当天来不及处理和稍有异味的膀胱作为原材料。先剪除膀胱颈和输尿管，放出尿液，修去表面筋油。然后放入清水中浸泡，使其自然发酵，冬季用温水浸泡，每天换水 1 次。夏季用凉水，每天换水 2 次。每次换水时都要把膀胱翻洗一遍，挤出膀胱壁内血水部分。膀胱颜色若有轻微变绿现象，只要组织结构没有破坏，均可利用。这样经水泡、发酵和清洗，直至色泽清白无异味为止，一般冬季浸泡约需 3d，春、秋季约需 2d，夏季需 1～2d。捞出膀胱，排尽其内水分，然后取盐揉擦在膀胱皮内、外表面，约经 24h，将膀胱皮内外翻转，再擦盐 1 次，以后每天翻皮，擦盐 1 次，经 2～3d 即可。膀胱皮腌好后放入聚丙烯编织袋中，并撒入一些盐，吊挂在阴凉、通风、干燥处，一般可保存 6～8 个月不变质。

③ 膀胱皮的准备　无论干制或盐渍膀胱皮，使用时都要先用清水浸泡回软，洗涤干净。浸泡几小时至几天不等，一般盐渍膀胱皮浸泡时间很短，干制膀胱皮则很长。浸泡期间要换水几次，直至泡软为止。然后捞出沥干水分，按每只膀胱皮加明矾粉 37.5g，揉搓均匀，约经 20min，再放入清水中搓洗，内、外要翻洗干净，需换水 3～4 次，把明矾洗掉，洗后沥干水分，即可使用。

（4）灌肚　根据肚皮的大小，称好肉馅，用特制漏斗从膀胱颈口处装入肚皮内，一般每个肚皮装馅 250g。净毛巾或多层纱布平铺在案子上，将装好的香肚放在其上，轻轻用力揉捏 3～4 转，其目的是使肉馅贴紧变实，减少间隙，防止“空心”，外形似苹果。注意用大拇指和食指卡紧口处，防止肉馅外溢。灌肚期间要不时用针板刺打香肚，以利气体排出和水分散发。

（5）扎口　根据肚皮的干湿程度选用扎口的方式，一般湿肚皮采用别签扎口，即在装好馅的肚皮上别上签后再系上麻绳。干肚皮直接用麻绳扎口，一般一条麻绳系两个香肚，便于往竹竿上挂。注意：扎肚时绳要紧贴肉馅，宜紧不宜松，香肚扎口用麻绳长 30～40cm。

（6）晾晒　刚灌好的肚坯内部有很多水分，须通过日晒和晾挂使之蒸发。扎肚后，把香肚挂在竹竿上，相互错开，留适当间隙。初冬晒 3～4d，农历正月、二月晒 2～3d 即可。如阳光不足，需适当延长晾晒时间，直到外表变干，内部紧实干硬，肥瘦颜色鲜明为止。

（7）晾挂发酵成熟　晾晒达到要求的香肚，移入通风干燥的库房内晾挂，使其中水分进一步散发，使产品风味增加，品质提高。仓库须门窗齐全，并有防雨、防晒、防潮、防鼠和防蝇设施，室内温度高低和湿度大小通过开闭门窗调节。晾挂成熟一般需要 40d 左右。香肚成熟后味道方佳。正常情况下，香肚发酵期间，表面先长出一层红色霉菌，逐渐由红变白，最后呈绿色，这是正常发酵的标志。若只长红霉而且表面发黏，是由于香肚没有晾干，库房湿度过大所致。

为保证香肚安全过夏，可采用芝麻油浸渍的方法保管。香肚发酵成熟后，去掉表面霉菌，4 只扣在一起，然后以 100 只香肚用 2kg 芝麻油加以搅拌，叠放入大缸中，可保存半年以上。

食用时，将香肚煮熟。先将肚皮表面用水刷洗，放在冷水锅中加热煮沸，沸腾后立即停止加热，水温保持在 85～90℃，经 1h 左右即可成熟。

参 考 文 献

[1] 袁仲．肉品加工技术．北京：科学出版社，2012.

[2] 王玉田，马兆瑞．肉品加工技术．北京：中国农业出版社，2008.

[3] 高海燕，张建．香肠制品加工技术．北京：科学技术文献出版社，2013.

[4] 孔保华，韩建春．肉品科学与技术. 第2版. 北京．中国轻工业出版社，2011.

[5] 高海燕，朱旻鹏．鹅类产品加工技术．北京：中国轻工业出版社，2010.

[6] 岳晓禹，李自刚．酱卤腌腊肉加工技术．北京：化学工业出版社，2010.

[7] 于新，赵春丽，刘丽．酱卤腌腊肉制品加工技术．北京：化学工业出版社，2012.

[8] 曾洁，范媛媛．水产小食品生产．北京：化学工业出版社，2013.

[9] 高翔，王蕊．肉制品加工实训教程．北京：化学工业出版社，2009.

[10] 董淑炎．小食品加工7步赢利肉类、水产卷．北京：化学工业出版社，2008.

[11] 彭增起．肉制品配方原理与设计．北京：化学工业出版社，2009.

[12] 彭增起．牛肉食品加工．北京：化学工业出版社，2011.

[13] 赵改名．酱卤肉制品加工．北京：化学工业出版社，2010.

[14] 黄现青．肉制品加工增值技术．郑州：河南科学技术出版社，2009.

[15] 乔晓玲．肉类制品精深加工实用技术与质量管理．北京：中国纺织出版社，2009.

[16] 王卫．现代肉制品加工实用技术手册．北京：科学技术文献出版社，2002.

本社食品类相关书籍

书号	书名	定价
15228	肉类小食品生产	29 元
15227	谷物小食品生产	29 元
15122	烹饪化学	59 元
14642	白酒生产实用技术	49 元
14185	花色挂面生产技术	29 元
12731	餐饮业食品安全控制	39 元
12285	焙烤食品工艺(第二版)	48 元
11285	烧烤食品生产工艺与配方	28 元
11040	复合调味技术及配方	58 元
10711	面包生产大全	58 元
10579	煎炸食品生产工艺与配方	28 元
10488	牛肉食品加工	28 元
10089	五谷杂粮食品加工	29 元
10041	豆类食品加工	28 元
09723	酱腌菜生产技术	38 元
09518	泡菜制作规范与技巧	28 元
09390	食品添加剂安全使用指南	88 元
09389	营养早点生产与配方	35 元
09317	蒸煮食品生产工艺与配方	49 元
08214	中式快餐制作	28 元
07386	粮油加工厂开办指南	49 元
07387	酱油生产技术	28 元
06871	果酒生产技术	45 元
05403	禽产品加工利用	29 元
05200	酱类制品生产技术	32 元
05128	西式调味品生产	30 元

续表

书号	书名	定价
04497	粮油食品检验	45元
04109	鲜味剂生产技术	29元
03985	调味技术概论	35元
03904	实用蜂产品加工技术	22元
03344	烹饪调味应用手册	38元
03153	米制方便食品	28元
03345	西式糕点生产技术与配方精选	28元
03024	腌腊制品生产	28元
02958	玉米深加工	23元
02444	复合调味料生产	35元
02465	酱卤肉制品加工	25元
02397	香辛料生产技术	28元
02244	营养配餐师培训教程	28元
02156	食醋生产技术	30元
02090	食品馅料生产技术与配方	22元
02083	面包生产工艺与配方	22元
01783	焙烤食品新产品开发宝典	20元
01699	糕点生产工艺与配方	28元
01654	食品风味化学	35元
01416	饼干生产工艺与配方	25元
01315	面制方便食品	28元
01070	肉制品配方原理与技术	20元
15930	食品超声技术	49元
15932	海藻食品加工技术	36元
14864	粮食生物化学	48元
14556	食品添加剂使用标准应用手册	45元
14626	酒精工业分析	48元

续表

书号	书名	定价
13825	营养型低度发酵酒 300 例	45 元
13872	馒头生产技术	19 元
13773	蔬菜功效分析	48 元
13872	腌菜加工技术	26 元
13824	酱菜加工技术	28 元
13645	葡萄酒生产技术(第二版)	49 元
13619	泡菜加工技术	28 元
13618	豆腐制品加工技术	29 元
13540	全麦食品加工技术	28 元
13284	素食包点加工技术	26 元
13327	红枣食品加工技术	28 元
12056	天然食用调味品加工与应用	36 元
10597	粉丝生产新技术(第二版)	19 元
10594	传统豆制品加工技术	28 元
10327	蒸制面食生产技术(第二版)	25 元
07645	啤酒生产技术(第二版)	48 元
07468	酱油食醋生产新技术	28 元
07834	天然食品配料生产及应用	49 元
06911	啤酒生产有害微生物检验与控制	35 元
06237	生鲜食品贮藏保鲜包装技术	45 元
05365	果品质量安全分析技术	49 元
05008	食品原材料质量控制与管理	32 元
04786	食品安全导论	36 元
04350	鲜切果蔬科学与技术	49 元
01721	白酒厂建厂指南	28 元
02019	功能性高倍甜味剂	32 元
01625	乳品分析与检验	28 元
01317	感官评定实践	49 元
01093	配制酒生产技术	35 元